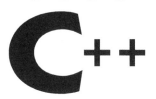

C++

の基礎が学べる本

亀田 健司 著

JN021760

インプレス

学習を始める前に

はじめに

　本書は、C++（シープラスプラス）の入門書です。C++ は C 言語を拡張した言語のため、ある程度 C 言語の知識が必要となります。またこれら 2 つの言語は切り離せないため、2 つあわせて **C/C++** と呼ばれることもあります。

　近年はオブジェクト指向と呼ばれる考えで作られた言語が主流で、C++ もその一種です。ほかにも Java や C# などがオブジェクト指向の言語に分類されます。

　C++ は C 言語とともに、スマート家電や自動車の車載コンピュータのような、いわゆる「組み込み機器」と呼ばれるコンピュータの制御やゲームプログラミングなど、高度な専門領域に用いられ、「専門性が必要な、ごく限られた人が使う言語」と認識されるようになっています。

　そのため「さぁ、C++ を勉強しよう！」と思っている人の数は、ほかの言語に比べれば少ないのが実情です。

相変わらず重要な C++

　かつて、C++ はそれなりにメジャーな言語でした。西暦 2000 年前後は、多くのプログラマーが選択できるメジャーなオブジェクト指向言語は、C++ ぐらいしかなかったうえに、多くのプログラミング初心者が C 言語からプログラミングの学習を開始するのが当たり前だったので、C++ は広く受け入れられていました。

　しかし、西暦 2000 年以降、しばらくすると前述の Java や C# などの言語が次第にポピュラーになり、相対的に C++ のシェアが低下するとともに、プログラマーの多くは最初に学習する言語に C 言語もしくは C++ を選択しなくなりました。

　そのうえ、C++ の入門書は「まず C 言語を先に学習しておいてください」というスタンスのものが少なくないため、C++ をこれから学習しようと思う人を少なくする原因になっていたように思われます。

とはいえ、C++ が「重要な言語ではなくなった」かというとそれは大きな間違いです。実際、ソフトウェア品質の評価と追跡を手掛ける TIOBE Software が発表した 2020 年 5 月の「TIOBE プログラミングコミュニティーインデックス（略して TIOBE インデックス）」によると、2020 年 7 月の段階で、C++ は 4 位にランクインしています。

- TIOBEプログラミングコミュニティーインデックス

https://www.tiobe.com/tiobe-index/

TIOBE Index for July 2020

July Headline: All time high for the R programming language

The statistical programming language R has set a new record by moving from position 9 to position 8 this month. Some time ago it seemed like Python had won the battle of statistical programming, but R's popularity is still increasing in the slipstream of Python. There are 2 trends that might boost the R language: 1) the days of commercial statistical languages and packages such as SAS, Stata and SPSS are over. Universities and research institutes embrace Python and R for their stasticial analyses, 2) lots of statistics and data mining need to be done to find a vaccine for the COVID-19 virus. As a consequence, statistical programming languages that are easy to learn and use, gain popularity now. Other interesting moves this month are Rust (from #20 to #18), Kotlin (from #30 to #27) and Delphi/Object Pascal (from #22 to #30). - *Paul Jansen CEO TIOBE Software*

The TIOBE Programming Community index is an indicator of the popularity of programming languages. The index is updated once a month. The ratings are based on the number of skilled engineers world-wide, courses and third party vendors. Popular search engines such as Google, Bing, Yahoo!, Wikipedia, Amazon, YouTube and Baidu are used to calculate the ratings. It is important to note that the TIOBE index is not about the *best* programming language or the language in which *most lines of code* have been written.

The index can be used to check whether your programming skills are still up to date or to make a strategic decision about what programming language should be adopted when starting to build a new software system. The definition of the TIOBE index can be found here.

Jul 2020	Jul 2019	Change	Programming Language	Ratings	Change
1	2	^	C	16.45%	+2.24%
2	1	v	Java	15.10%	+0.04%
3	3		Python	9.09%	-0.17%
4	4		C++	6.21%	-0.49%
5	5		C#	5.25%	+0.88%

このランキングは、世界中の熟練エンジニアやサードパーティーベンダーの数や、Google、Amazon、YouTube などの広く普及した検索エンジンのデータを参考にして算出されています。

TIOBE 社はこのランキングについて、「自分のプログラミングスキルが時流にあっているかどうか」「新しいソフトウェアの開発を始めるにあたって、どのプログラミング言語を採用するか」といったことを判断するために役立ててほしいといっています。

このような結果が出た背景には、2020 年から蔓延している新型コロナウイルスも大きな影響を与えているといわれています。TIOBE Software のポール・ジャンセン CEO によると、コロナウイルスの治療薬を探すために、データサイエンス分野で Python の人気が上昇するとともに、C 言語や C++ のような組み込みソフトウェア言語も医療機器用のソフトウェアに使われることから、人気が上昇しているとのことで

す。

　そのことを考慮すると、C++ のベースである C 言語は 1 位であり、これにより C/C++ はシェアが低下したとはいえ、いかに重要な言語であるかということがわかります。また、コロナウイルスの問題が解決したとしても、IoT 時代にはより多くの組み込み機器が必要となることから、この傾向はそう簡単には変わらないでしょう。

◉ C++はなぜ「難解」なのか

　C++ を学習しようという人は常に一定数いるのですが、このとき大きな壁になるのが「C++ の学習はどこから手を付けてよいのかがわかりにくい」という点です。

　C の入門書の多くは 2000 年代前後に書かれているものが多く、C 言語を知らない多くの入門者やほかの言語のプログラマーにとって、いつの間にか C++ は「敷居の高い言語」になってしまいました。

　C 言語をすでに学んでいる人には、比較的 C++ は学びやすい言語です。しかし、昨今は C 言語を学習したプログラマーは少数派であり、Java などから C++ に移行してきた人たちが、C 言語由来の独特のルールの複雑さと難解さに苦しめられます。

　また、プログラミング初心者が C++ の学習を始めるには、やはり C 言語の学習から開始する必要があるため、まずは分厚い C 言語の本を学習してからやっと C++ の学習を始められるという非常に厄介な状況にあります。

　そのため、多くの人々にとって C++ は「難解な言語」と認識されています。

◉ C＋＋言語を学習するコツ

　C++ を始めるために「C 言語を完璧にマスターしている」必要はありません。たしかに、C++ は C 言語の上位互換言語ですが、C 言語を隅から隅まで知っている必要はなく、それどころか C 言語では難解な部分を C++ で補い、よりわかりやすくしてくれている面もあります。

　このようないい方は奇妙に聞こえるかもしれませんが、C++ を学習することによって、はじめて C 言語で難解だと感じていた部分がすっきり理解できたという人も少なくありません（実際、私自身もその 1 人でした）。

　それどころか、C++ の難解といわれる部分は C++ そのものというよりも、C 言語との互換性を保つために存在する「厄介な約束事」の部分なので、それさえわかってしまえば、それほど難しい言語ではありません。

　そのうえ、C 言語自体は基本となる部分に限定すればそれほど難しくはないため、その気になれば 1 日で基本的なプログラムの書き方は理解できます。

そこで本書では、まず C++ を学習するうえで最低限必要となる C 言語の基礎知識から学習を始め、C++ の解説の部分でも必要に応じて C 言語の関連部分について解説するというスタンスで解説を進めていくことにします。

そのため、本書は以下の 3 つのタイプの方を主なターゲットにしたいと思います。

① プログラミングにはあまり詳しくないが、PC 操作のスキルなど最低限の知識がある

② C 言語の学習はしたことがあるがあまり詳しくは知らない、もしくは難しくて挫折した

③ C# や Java などほかの言語を学習したことがあり、これから C++ を学習したい

そのため、もしかすると③に該当する方は、1 日目の内容が少し退屈に感じるかもしれませんが、C 言語および C++ の独特のルールをしっかり学ぶために、読み飛ばさないようにしてください。

この本の活用方法

本書は、これから C++ のプログラミングを始めようとしている人のため説明を 7 日分に分けています。1 日に 1 章ずつ学んでいくと 1 週間で C++ のプログラミングの基礎について学べるような構成になっています。

しかし、学習を始めるにあたって 1 つ強調しておきたいことがあります。それは、「C++ を勉強したこと」と「C++ で自由にプログラムが書けること」はイコールではない、という点です。

そこで、本書では特に、文法を覚えてからある程度高度なプログラミングができるようになることを重点に説明していきます。

そのため、本書をぜひ 3 回読んでほしいと考えます。それぞれの読み方は次のとおりです。

◉ 1回目：

全体を日程どおり1週間でざっと読んで、C++の基本文法と考え方を理解する。問題は飛ばしてサンプルプログラムを入力し、難しいところは読み飛ばして、流れをつかむ。

◉ 2回目：

復習を兼ねて、冒頭から問題を解くことを中心として読み進める。問題は難易度に応じて★マークが付いているので、★マーク1つの問題だけを解くようにする。その過程で、理解が不十分だったところを理解できるようにする。

◉ 3回目：

★マーク2つ以上の上級問題を解いていき、プログラミングの実力を付けていく。わからない場合は解説をじっくり読み、何度もチャレンジする。

このやり方をしっかりとやれば、C++の高度な技術が身に付いていくことでしょう。

本書の使い方

各節の目的です。

各項のポイントを示しています。

重要語句にはマーカーが付いています。

C++のソースコードを表します。

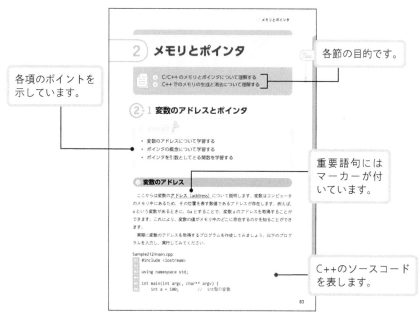

各節ごとに例題を用意しています。

それまでの説明のみでは解くのが難しい問題もあります。解けなければすぐに解説を読んでください。解かずに解説を読んでも問題ありません。

難易度を★マークで表記しています。

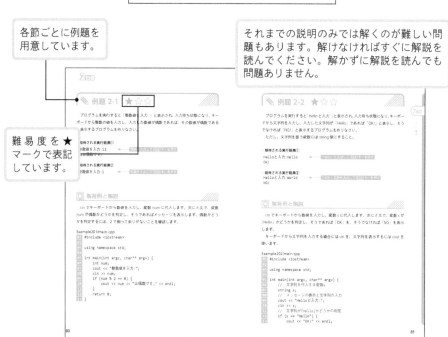

目次

1日目

C言語の基本

プログラミングを
はじめる前に

- ▶ C++ を学習する前に必要な最低限の知識を身に付ける
- ▶ コンピュータでプログラムが動く仕組みを知る
- ▶ C++ がどのような言語なのかを知る

1-1 C++ の特徴

- 基礎となる用語や概念の意味を知る
- C++ の特徴を知る

● プログラミング言語

　C/C++ について説明する前に、そもそもプログラミング言語とはどのようなものかを説明します。コンピュータを動作させるには、コンピュータに理解できる言葉で命令をしてあげる必要があります。そのために利用するのが**プログラミング言語**です。

◉ マシン語と高級言語

　コンピュータが理解できるのは、**マシン語（機械語）**と呼ばれる言語です。マシン語は、0 と 1 の数値を羅列したデータで、人間にとっては非常に難解です。そこで考え出されたのが、**高級言語**という人間にとって比較的理解しやすい文章や記号で構成されている言語を作ることでした。C/C++ は高級言語と呼ばれるプログラミング言語に属します。

　マシン語は、コンピュータに搭載されている CPU の種類によって異なります。例えば、パソコンなどで主に利用されているインテル社の Core i シリーズと、スマートフォンなどのモバイルデバイスで主に用いられている ARM とでは、まったく系統

の異なるマシン語が用いられています。

　また、OS が違ってもプログラムは動きません。例えば、パソコンでは Windows や Linux といった種類の異なる OS を使うことができますが、CPU が同じでも OS が異なっていたら、マシン語のプログラムはまず動きません。

◉ コンパイラとインタープリタ

　コンピュータが理解できるのは、あくまでもマシン語で、人間が理解できる高級言語は、そのままではコンピュータが理解不可能です。そこで高級言語をマシン語に変換する必要があるのですが、その変換する方法には、大きく分けて**コンパイラ**と呼ばれるものと、**インタープリタ**と呼ばれるものが存在します。

　これらは、高級言語で書かれたプログラム（ソースコード）をマシン語に変換するプロセスに違いがあります。コンパイラは、一度にすべてのソースコードをマシン語に変換（コンパイル）し、変換後のプログラムを動かすという方式です。それに対し、インタープリタはソースコードを翻訳しながら実行するという構造になっています。

・ コンパイラとインタープリタ

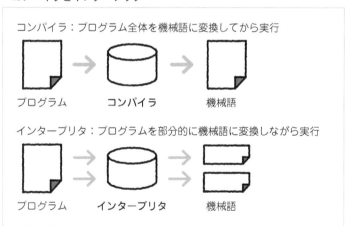

コンパイラ：プログラム全体を機械語に変換してから実行

プログラム　　コンパイラ　　機械語

インタープリタ：プログラムを部分的に機械語に変換しながら実行

プログラム　　インタープリタ　　機械語

　コンパイラとインタープリタのどちらが使われるかは、環境や言語に依存します。C/C++ の場合はコンパイラを用いて、ソースコードをすべてマシン語のファイル（実行ファイル）に変換して実行します。

● C++ とは

C++（シープラスプラス）は C 言語を拡張したプログラミング言語です。一体どのような経緯があって、C++ が誕生したのでしょうか？

1972 年に C 言語が開発されると、瞬く間に各方面で利用されるデファクトスタンダードな言語となりました。しかし、C 言語の利用場面が増えるにつれ、この言語の問題と限界が露呈されるようになりました。

それは、**C 言語が大規模な開発にはあまり向かないということです**。時代の変化とともにコンピュータの性能が向上すると、多数のプログラマーが参加する大規模開発が主流になっていきました。しかし、C 言語はそういったプログラミングを行うのに、必ずしも効率的な言語とはいえませんでした。

そこで C 言語に**オブジェクト指向（オブジェクトしこう）**というプログラミングの考え方を取り入れて開発されたのが「C with Classes（シーウィズクラスィズ）」です。C with Classes は、AT&T ベル研究所のビャーネ・ストロヴストルップにより、C 言語の拡張仕様として作成されたコンパイル型の汎用プログラミング言語です。C with Classes にさまざまな改良が加えられ、1983 年に C++ という名前に変わりました。C++ の名前の由来は、C 言語の ++（インクリメント）演算子からの派生であり、C 言語がより高機能になったニュアンスを表現しています。

C++ に名前が変わったあとも、さまざまな改良が加えられ、現在に至ります。

◉ C++の長所

- C 言語と互換性があり、C 言語のソースコードを再利用できる
- ほかのオブジェクト指向言語よりも省メモリでスピードの速いソフトウェアを開発できる
- C 言語よりもセキュリティが優れている

◉ C++の短所

- ほかの言語に比べ、言語仕様が複雑
- 標準で利用できるライブラリが少ない
- プログラミング実行時のメモリを制御・管理する機能が存在しない

> 参考
>
> ライブラリとは、汎用性の高い複数のプログラムを再利用可能な形でひとまとまりにしたもので、種類が多いとプログラマーの手間がそれだけ省けます。

● オブジェクト指向の言語

オブジェクト指向の「オブジェクト」とは、英語で「もの」や「物体」などを表す言葉で、データを現実世界のものに置き換える考え方です。オブジェクト指向については、94 ページ以降で説明します。

現在使用されている主要なプログラミング言語は、ほとんどがオブジェクト指向にもとづいて作られています。そのため、C++ でオブジェクト指向プログラミングを学べば、ほかのプログラミング言語でもその知識を応用して使うことができるようになります。主なオブジェクト指向の言語を次の表にまとめます。

● 主なオブジェクト指向言語

言語	概要
C++	C言語を拡張した言語
Java	C/C++をベースにして、開発された言語。現在はOracleが管理
C#	Microsoft社がC/C++などをベースに独自に開発した言語
Objective-C	Apple社がC言語を拡張した言語
Swift	Apple社が開発したObjective-Cの後継言語。iPhoneやiPadのアプリ開発に使われている
JavaScript	Webアプリの作成に使うスクリプト言語
Python	人工知能やIoTなどに分野で使われる言語。文法が簡単なのが特徴

1-2 簡単なプログラムを実行する

- 開発環境を準備する
- C 言語で簡単なプログラムを作ってみる

ここまでで説明したように、C++ は C 言語を拡張した言語です。そこで C++ のプログラミングをはじめる前に、C 言語の基本的な文法を学習していきましょう。

C/C++ のソースコードと統合開発環境

本書では、**Visual Studio 2019（ビジュアルスタジオ 2019）**を使って、プログラミングを学習します。Visual Studio 2019 は、Microsoft 社が開発した**統合開発環境（IDE）**です。IDE とは、ソースコードの入力・コンパイルと実行・デバッグといったプログラミングに必要な作業を 1 つのソフトで行うためのものです。C 言語と C++ で書いたプログラムをコンパイルするコンパイラは、共通のものが用いられます。そのため、どちらの言語も Visual Studio 2019 を使って、プログラミングを行います。

実際に Visual Studio 2019 をダウンロード・インストールし、簡単な C 言語のプログラムを実行してみることにしましょう。

Visual Studio 2019 のインストール

Visual Studio 2019 はマイクロソフトのダウンロードページから入手可能です。

- Visual Studio 2019 のダウンロードページ
  https://visualstudio.microsoft.com/ja/downloads/

Visual Studio 2019 には、無料で使える Community、有料の Professional、Enterprise が存在します。本書では Community で十分ですので、選択してダウンロードします。

　ダウンロードしたインストーラをダブルクリックすれば、インストールが開始されます。

● Visual Studio 2019のダウンロード画面

　Visual Studio 2019 は、C/C++ だけではなく、さまざまな言語でのアプリケーションの開発を前提としています。C/C++ でプログラムを入力・実行するために、次の段階では、プログラミング言語にあわせたワークロードのインストールを行います。ワークロードとは、Visual Studio 2019 の追加機能のことです。C/C++ のワークロードは初期状態ではインストールされていないので、別途インストールする必要があります。

　ワークロードの選択画面の中から［C++ によるデスクトップ開発］を選択します。すると、［閉じる］が［変更］に変わるので、［変更］をクリックしてインストールを開始します。

　インストールが完了するとライセンスの確認が行われ、そのあと Visual Studio 2019 が起動します。

• インストールするワークロードの選択画面

　なお、［C++ によるデスクトップ開発］には、C 言語で書いたプログラムを実行するための機能も含まれています。

プログラムの入力から実行まで

インストールが完了したら、実際に簡単なプログラムを作成してみましょう。

プロジェクトの作成

　Visual Studio 2019 では、プログラムを**プロジェクト**という単位で管理しています。ここではまず、プロジェクトを作成します。Visual Studio 2019 を起動したあと、スタートウィンドウの［開始する］メニューから［新しいプロジェクトの作成］をクリックします。

● 新しいプロジェクトの作成を選択

作成するプロジェクトの種類を選択するダイアログが表示されます。本書では、コンソールアプリをとおして C 言語と C++ のプログラミングをするので、プロジェクトの種類に**空のプロジェクト**を選択します。

● プロジェクトの種類を選択

参考

コンソールアプリとは、MS-DOS や Windows におけるコマンドプロンプトなどから実行されるアプリで、GUI（Graphical User Interface）アプリとは違い、ウィンドウを作成せず処理を行います。

続いて、プロジェクト名を入力します。

● プロジェクト情報の入力

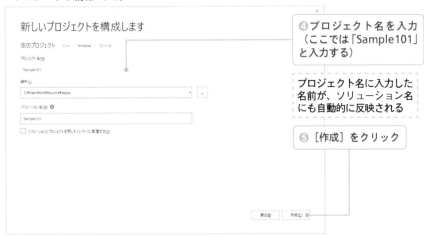

プロジェクトを作成すると、次のような画面が表示されます。

● プロジェクト完成後の画面

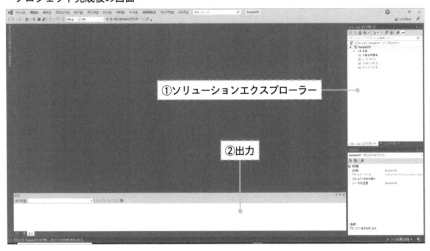

画面の各箇所は、次のような機能になっています。

① ソリューションエクスプローラー

ソースコードなどプロジェクトのファイル管理などを行います。プロジェクトに必要なファイルの追加・修正などの作業ができます。

② 出力

さまざまな操作を行った際の結果を表示します。エラーメッセージなどを発してその内容を伝えてくれます。

◉ ソースファイルの追加

では実際に、簡単なプログラムを入力し実際に実行してみましょう。手始めに「Hello World.」という簡単な文字列を表示するプログラムを作成します。

まず、プログラムを記述するための**ソースファイル（source file）**をプロジェクトに追加します。ソースファイルとは、ソースコードが記述されたファイルのことです。プロジェクトを作成したばかりの段階では、ソースファイルが存在しません。

ソリューションエクスプローラーのプロジェクト内の［ソースファイル］を右クリックして、［追加］-［新しい項目］をクリックします。

● ソースファイルの追加①

続けて、新しい項目の追加ダイアログが表示されるので、［名前］に「main.c」と入力して、［追加］をクリックします。

● ソースファイルの追加②

③ 「main.c」と入力

④ [追加] をクリック

「.c」は**C言語のソースファイルの拡張子です**。C言語のプログラムを作成する際には、拡張子は必ずこの形式になります。56ページ以降で**C++のプログラムを作成するときは、ソースファイルの拡張子を「.cpp」にします**。

◎ SDLチェックの無効化

ソースファイルを追加したら、SDLチェックの無効化を行います。

ソリューションエクスプローラーのプロジェクト名（ここでは[Sample101]）を右クリックし、表示されたメニューの中から[プロパティ]を選択します。

● プロジェクトの設定

❶プロジェクト名（ここでは[Sample101]）を右クリック

❷ [プロパティ] をクリック

　すると、プロジェクト（ここでは Sample101 プロジェクト）のプロパティページというウィンドウが表示されます。

　左側のメニューから［C/C++］-［全般］を選択し、**［SDL チェック］の項目を［はい］から［いいえ］に変えてください**。設定を変更したら［OK］をクリックしてウィンドウを閉じてください。

重要

プロジェクトを作り、ソースファイルを追加したら SDL チェックの無効化を行います。

● SDLチェックの無効化

❸ ［C/C++］-［全般］を
クリック

❹ ［SDLチェック］の［いいえ］
を選択

❺ ［OK］をクリック

注意

SDL チェックの解除は、Visual Studio 2019 でセキュリティ上の理由で制限されているの機能を利用可能にするものです。チェックを外さないと、一部のプログラムが動かなくなる可能性があります。

● プログラムの入力

　ソリューションエクスプローラーの中のソースファイル「main.c」をクリックすると画面が次のように変化し、プログラムが入力可能な状態になります。

● ソースファイルが入力可能な状態になった画面

　プログラムを入力する前に、作業がしやすいよう Visual Studio 2019 のソースコードに行番号を表示できるようにしましょう。

　行番号を表示するためにはメニューバーで、[ツール] - [オプション] の順に選択します。するとオプション設定用のダイアログが出現するので[テキスト エディター]ノードを展開し、[すべての言語]を選んですべての言語で行番号をクリックして有効にします。設定が完了したら [OK] ボタンを押せば設定は完了です。

● 行番号を表示する

❶ [すべての言語] - [全般] をクリック

❷ [行番号] をクリックして有効にする

❸ [OK] をクリック

　コードエディターに戻って、以下のプログラムを入力しましょう。プログラムは基本的に半角の英数・記号で入力し、アルファベットの大文字や小文字も間違えないように気を付けてください。

Sample101/main.c

```
01 #include <stdio.h>
02
03 int main(int argc, char** argv) {
04     printf("Hello World.\n");
05     return 0;
06 }
```

　プログラムを入力すると左側に行番号が表示されます。また、必要に応じてさまざまな箇所に色付けしてくれたりするなど、プログラムの入力を支援してくれます。

　4、5行目の行頭にある空白（インデント）は、前の行で「{」を入力して改行すると、Visual Studio 2019 が自動的に入力します。

◉ ファイルの保存

　入力を開始すると、コードエディターの左上に表示されている「main.c」というファイル名が「main.c*」となります。これは、ファイルの内容が変更されたことを意味します。ファイルは画面左上の保存ボタンをクリックするか、もしくは [Ctrl]+[S] キーを押すとファイルが保存され、ファイル名も「main.c*」から「main.c」になります。何らかのトラブルで Visual Studio 2019 が停止してしまうこともあるので、ファイル

はこまめに保存しましょう。

● ファイルを保存

❶ 保存ボタンクリックもしくは Ctrl + S キーを押してファイルを保存

「main.c*」から「main.c」になる

　入力が完了したらファイルを保存しましょう。入力した部分の左側に緑色の線が表示されます。

● サンプルプログラムを入力した状態

```
main.c
Sample101                                    (グローバル スコープ)
     1        #include <stdio.h>
     2
     3      □ int main(int argc, char **argv) {
     4            printf("Hello World.¥n");
     5            return 0;
     6        }
```

プログラムの実行

　プログラムを実行するには、コンパイルが必要です。Visual Studio 2019 には、プログラムのコンパイルと実行を一度に行う大変便利な機能が存在します。プログラムを実行するには、メニューから ［デバッグ］-［デバッグなしで開始］を選択します。

● 入力したプログラムの実行

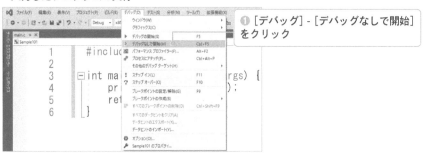

● [デバッグ] - [デバッグなしで開始] をクリック

すると、以下のようにコンソールが現れ、実行結果が表示されます。

● プログラムの実行結果

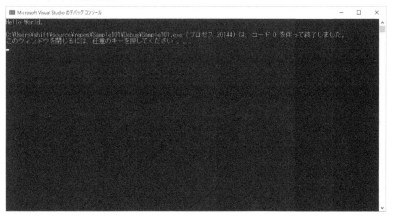

「Hello World.」と表示されていれば成功です。このように Visual Studio 2019 を使うと、簡単にプログラムを入力・実行できることがわかります。

◉ プログラムの終了

「Hello World.」という文字列の下に、「このウィンドウを閉じるには、任意のキーを押してください ...」と表示されます。指示のとおりに適当なキーを押すと、コンソールが消えてプログラムが終了します。プログラムの詳細については、次で説明します。

C言語の基本文法

- ▸ C言語の基本文法を学習する
- ▸ C言語でさまざまな処理を記述する

2-1 C言語のプログラムの基本的な仕組み

- 「Hello World.」を表示するプログラムの構造を理解する
- C言語のプログラムの基本的な仕組みについて理解する

　ここまでC/C++の基本知識から、Visual Studio 2019を使って実際に簡単なプログラムを入力・実行するところまでを説明してきました。ここからは、C言語の基本的な文法を学んでいきましょう。

● 最も基本的なプログラム

　先ほど入力・実行したSample101のmain.cを改めて説明していきます。一体、このプログラムはどのような仕組みになっているのでしょうか？

Sample101/main.c（再掲載）
```
01 #include <stdio.h>
02
03 int main(int argc, char** argv) {
04     printf("Hello World.\n");
05     return 0;
06 }
```

● 実行結果

```
Hello World.
```

　Sample101 を実行すると、"Hello World." という文字列が表示されます。これはさまざまな C 言語のプログラミング入門書で最初に記述されているサンプルプログラムの「Hello World.」という文字列を画面表示するプログラムです。

ヘッダーファイル

　1 行目に出てくる、#include という記述は、**ヘッダーファイル**と呼ばれるファイルを読み込むための宣言です。ここで読み込むファイルは、**stdio.h** というファイルで、".h" は、C 言語の**ヘッダーファイル**の拡張子です。C 言語のプログラムはこの宣言からはじまります。

● ヘッダーファイルの読み込み

```
#include <stdio.h>
```

　stdio.h は、**標準ライブラリ**と呼ばれるもののを呼び出すために必要なもので、C 言語のプログラミングには欠かせないものです。この処理を行うことにより、対応するライブラリ（lib）ファイルが読み込まれ、ライブラリの中にある関数（機能）が使えるようになります。

関数

　では、前述の関数について説明をしていきましょう。C 言語は関数の組み合わせによって構成されています。関数とは処理に何らかの名前を付けて、関数名で一連の処理を実行できる仕組みです。

　3 行目の int main(int argc, char** argv) の部分ですが、ここは**メイン関数**の宣言と呼ばれます。C 言語はこの中に処理を記述し、中身は「{ }」で囲まれています。これらの記号は**中カッコ（ちゅうかっこ）、波カッコ（なみかっこ）**などと呼ばれます。C 言語は、プログラムを実行すると main 関数が最初に実行されるため、必ず記述しなければなりません。

　4 行目に、printf というという処理がありますが、これも関数の一種で、C 言語にあらかじめ用意されている組み込み関数というものの 1 つです。printf のあとに続く「( )」で囲んだものをコンソールに表示します。また、文字列を表示する場合は、「" "」で文字列を囲みます。

- printf関数の呼び出し

```
printf("Hello World.¥n");
```

　冒頭で「stdio.h」を読み込んでいるのは、printf 関数を利用するためです。使用する関数の種類によっては別のヘッダーファイルを読み込む必要があります。

◉ 行の区切り

　printf 関数および、次の行の「return 0」のあとに記述されている <u>「;」は、セミコロンという記号で、処理の末尾に記述します。</u>

◉ エスケープシーケンス

　「¥n」は、**改行を表す特殊な文字**で、文字列が改行され、それ以降の文字は次の行から表示されます。このように ¥ マークではじめる文字を、**エスケープシーケンス**といいます。主なエスケープシーケンスには以下のような種類があります。

- 主なエスケープシーケンス

記号	意味
¥a	警告音
¥b	バックスペース
¥n	改行
¥t	タブ
¥¥	文字としての¥
¥?	文字としての?マーク
¥"	ダブルクオーテーション（"）
¥'	シングルクオーテーション（'）
¥0	ヌル（NULL）文字

◉ return文

　最後に、5 行目の「**return 0;**」という処理は、関数の処理を集結して値を返すという処理です。main 関数は、プログラムを実行したときに、OS から最初に呼び出される関数です。そのため main 関数の場合、呼び出し元（OS）にプログラムが正常に終了したことを伝えるため、「0」を返します。それ以外の値を返す場合はプログラムが何らかの異常な終了の仕方をしたことを意味します。

②-2 演算と変数

- C 言語を使った演算の方法について理解する
- 変数の概念とその使い方を理解する
- コメントの使い方を学習する

演算と変数を利用したプログラム

続いて演算および変数の概念について学習しましょう。以下のプログラムを入力し、実行してみてください。

Sample102/main.c
```
01 #include <stdio.h>
02
03 /*
04     変数を使ったサンプル
05     さまざまな値の代入と演算
06 */
07 int main(int argc, char** argv) {
08     //  変数の宣言
09     int a, b;
10     //  変数への値の代入
11     a = 5;
12     b = 2;
13     //  a,bの各種結果とその結果の表示
14     printf("%d + %d = %d¥n", a, b, a + b);
15     printf("%d - %d = %d¥n", a, b, a - b);
16     printf("%d * %d = %d¥n", a, b, a * b);
17     printf("%d / %d = %d¥n", a, b, a / b);
18     return 0;
19 }
```

● 実行結果
```
5 + 2 = 7
5 - 2 = 3
5 * 2 = 10
5 / 2 = 2
```

実行結果を見ると、このプログラムは5と2という2つの数の四則演算をしています。では一体、このプログラムはどのような仕組みになっているのでしょうか。順を追って説明していきましょう。

◉ コメント

プログラムの中に // や、 /* */ という記号が出てきている部分がありますが、これらのことを、**コメント**といいます。コメントは、**プログラムに注釈を付けるためのもの**で、実行結果には何らかの影響を与えませんが、これを付けるとプログラムが非常にわかりやすくなります。コメントには、以下のような種類があります。

● コメントの種類

記述方法	名前	特徴
/* */	ブロックコメント	/*と*/の間に囲まれた部分がコメントになる。複数行にわたってコメントを付けることができる
//	行コメント	1行のコメントを付けることができる

◉ 変数

9行目では、**変数(へんすう)**の宣言をしています。**変数とは数値などさまざまなデータを入れることができる箱**のようなものです。変数は複数作ることがあるので、このように名前を付けて識別しています。

● 変数の宣言

```
int a, b;
```

● 変数の宣言

```
int a, b;
```

intの値が入る器(変数)を用意する

ここでは使用する変数の名前と型を定義します。intは整数を表し、a、bは変数名を表します。したがって、9行目は「a、bという名前の整数を表す変数を用意する」という処理をすることになります。

単独で変数を宣言する場合は「int a;」のようにしますが、この例のように複数の変数を同時に宣言する場合には間を「,（コンマ）」で区切ります。

注意　複数の変数を同時に宣言する際は、間を「,（コンマ）」で区切ります。

◉ 変数の命名規則

変数の名前は自由に付けることができますが、以下のようなルールがあります。

- 使用できる文字は半角の英文字（A～Z, a～z）、数字（0～9）、アンダーバー（_）、ドル（$）。
  例：abc、i、_hello、num1、$value など
- 変数名の最初の文字を数字にすることはできない。必ず英文字およびアンダーバーからはじめること。
  例：a123 → ○、_a → ○ 、123a → ×
- 英文字の大文字と小文字は別の文字として扱われる。
  例：ABC と abc は違う変数とみなされる
- 規定されている C 言語の予約語を使ってはいけない

予約語とは、C 言語の仕様であらかじめ使い方が決められている単語です。例えば「int」なども予約語に該当します。

◉ データ型

変数の宣言の先頭に付いている int は、**データ型（データがた）**といい、変数がどんな値を扱うのかを示しています。C 言語には以下のようなデータ型があります。

● C言語で扱えるデータ型

データ型	説明
char	1バイトの符号付整数。ASCIIコードといった文字コードに使用
unsigned char	1バイトの符号なし整数
short	2バイトの符号付整数
unsigned short	2バイトの符号なし整数
long	4バイトの符号付整数
unsigned long	4バイトの符号なし整数
int	2または4バイトの符号付整数（コンパイラに依存）
unsigned	2バイトまた4バイトの符号なし整数（コンパイラに依存）
float	4バイトの単精度浮動小数点実数
double	8バイトの倍精度浮動小数点実数

◉ 代入

宣言した変数に値を入れることを**代入（だいにゅう）**といいます。また、最初に行う代入のことは**初期化（しょきか）**といいます。

数値が代入された変数は、その数値として扱うことができます。例えば「a = 6」とすれば、変数 a は別の値が代入されるまで、整数値 6 として扱うことができます。変数は原則的に何度でも値を変えることが可能です。

● 変数の宣言と代入

```
int a;      変数の宣言
a = 6;      代入（初期化）
```

11、12 行目で、変数 a、b に値を代入しています。

● 変数a、bへの値の代入

```
a = 5;
b = 2;
```

● 変数への値の代入

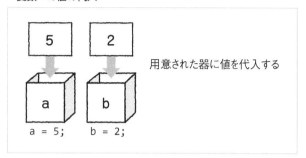

用意された器に値を代入する

a = 5;　　b = 2;

　変数の宣言をする場所は、{ } の先頭の部分で行うようにしましょう。何らかの処理が行われたあとで変数を定義すると、コンパイラによってはエラーになるケースがあるので注意が必要です。

◎ 演算と演算子

　14 〜 17 行目では、変数 a と b の算術演算結果を表示しています。

　プログラミングの世界では、計算処理のことを**演算（えんざん）**と呼びます。演算にはさまざまな種類がありますが、私たちが普段行う、加減乗除などの計算のことは、**算術演算（さんじゅつえんざん）**と呼ばれています。

　また演算を行う記号のことを**演算子（えんざんし）**と呼びます。足し算の + や、引き算の - はわかるものの、そのほかの記号は何でしょうか？　C 言語で使用する算術演算の演算子には以下のようなものがあります。

● C言語の計算で使う主な算術演算の演算子

演算子	読み方	意味	使用例
+	プラス	足し算を行う演算子	7 + 3
-	マイナス	引き算を行う演算子	7 - 3
*	アスタリスク	掛け算を行う演算子	7 * 3
/	スラッシュ	割り算を行う演算子	7 / 3
%	パーセント	剰余（じょうよ）演算子。割り算の余り	7 % 3

　× ではなく * が掛け算、÷ ではなく / が割り算を表す記号であることがわかると思います。また、数学と同様に乗算・除算は加算・減算よりも優先的に行われます。ただし、必要に応じて ( ) によって優先順位を変えることができます。

　例えば、2+3*2 の結果は掛け算を先に計算するので 8 になりますが、(2 + 3)*2 の

結果は、( )内の計算を先に行うため 10 となります。

◉ 式指定の方法

14 〜 17 行目の printf 関数の引数は、文字列の中に <u>%d</u> といった記号が付いています。これらは、そのあとにある「,（コンマ）」で区切った値を表示するためのものです。

14 行目に着目すると、最初の %d に変数 a の値（=5）が、次の %d に変数 b（=2）の値が入り、最後の %d には変数 a+ 変数 b（=7）の計算結果値が入ります。このように文字列のあとにコンマで区切られた 1 つ、もしくは複数の値が並んだとおりの順番で表示されます。

● 演算結果の表示と式指定

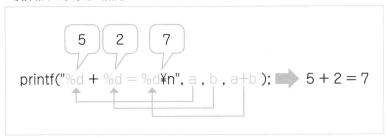

なお、この記号と書式の指定は、以下の表のように対応しています。

● さまざまな書式指定

書式	意味	使用例
%d	整数値を10進数で表示する	1、12、30、-4、5 + 5
%x	整数値を16進数で表示する	1、12、30、-4、5 + 5
%f	実数値を10進数で表示する	1.2、2.7、1.2 + 2.7
%lf	実数値を10進数で表示する（%fより長い桁が表示可能）	1.2、2.7、1.2 + 2.7
%c	文字。ASCIIコードで表示された文字列が表示される	'a'、'b'、'c'
%s	文字列。文字列をそのまま表示できる	"ABC"、"佐藤俊夫"

②-3 条件分岐

POINT

- C 言語を使った条件分岐の記述方法について学ぶ
- if 文の使い方を理解する

● 条件分岐

　プログラムは、さまざまな状況に応じ違った処理を行わなくてはなりません。例えばゲームの場合「もし、敵に当たったらゲームオーバー」といったような、条件に応じた処理の分岐が必要になります。

　ここからは、**条件分岐（じょうけんぶんき）**について説明します。

● if 文

　if とは、英語で「もしも」という意味を表す単語で、「**もしも～だったら、…… する**」といった処理を行うために使います。まずは、次の if 文を含むプログラムを実行してみてください。

Sample103/main.c

```
01 #include <stdio.h>
02
03 int main(int argc, char** argv) {
04     //  水の温度(この部分をいろいろ変えてみる)
05     double water_temp = 10.0;
06     printf("水の温度:%lf¥n", water_temp);
07     //  温度により状態を表示
08     if (water_temp > 100.0) {
09         //  100度より高ければ気体
10         printf("気体¥n");
11     }
12     else if (water_temp > 0) {
13         //  100度以下で0度より高ければ液体
14         printf("液体¥n");
15     }
```

```
16      else {
17          // 0度以下なら固体
18          printf("固体¥n");
19      }
20      return 0;
21  }
```

● 実行結果①

水の温度：10.000000
液体

　条件分岐について詳しく説明するにあたり、このサンプルの処理の流れにそって説明していきましょう。

◉ 変数の宣言と初期化を同時に行う

　5行目では実数を表すdouble型の変数「water_temp」を宣言すると同時に、10.0で初期化しています。このように変数は、宣言と同時に値を代入して初期化することができます。

● 変数の宣言と初期化を同時に行う

```
double water_temp = 10.0;          ◀──── 変数の宣言と同時に値を代入
```

　この処理は、以下の処理を行っているのと同じです。

● 変数の宣言と初期化を同時に行う

```
double water_temp;
water_temp = 10.0;
```

　また、複数の変数を扱う場合は以下のように、「,」で区切って同時に複数の変数を宣言し、初期化することも可能です。

● 複数の変数を同時に宣言

```
int a, b;              ◀──── 変数a、bを宣言
int a = 1, b = 2;      ◀──── 変数a、bを初期化
int a, b = 1;          ◀──── 変数a、bを宣言、bのみを初期化
```

　変数water_tempに代入された変数の値は、6行目で表示されています。

◉ 条件分岐

8 〜 19 行目までは、if 文によって条件分岐が行われています。if 文の書式は次のとおりです。

● if文の書式①
```
if (条件式①) {
    処理①
}
else if (条件式②) {
    処理②
}
else {
    処理③
}
```

( ) 内の条件式が成立したとき、{ } に囲まれた処理を実行します。

条件式①が成り立てば処理①、条件式①が成り立たず条件式②が成り立てば処理②、そのどちらの条件も成り立たなければ処理③が実行されます。なお、**else if 文は、if 文のあとに何個でも追加することができます**。

このサンプルでは、「water_temp > 100.0（変数 water_temp が 100.0 よりも大きい）」が成立するときに「気体」と表示されます。「water_temp > 100.0」が成立せず、「water_temp > 0.0（変数 water_temp が 0.0 よりも大きい）」が成立するときは「液体」と表示されます。それ以外（変数 water_temp が 0.0 以下である場合）は「固体」と表示されます。変数 water_temp の値は 10.0 なので、「液体」と表示されるわけです。

なお、if 文の中で使われている「>」は、**比較演算子（ひかくえんざんし）**と呼ばれるものです。比較演算子には以下のようなものがあります。

● 比較演算子

演算子	意味	使用例
>	より大きい	a > 0
>=	以上	a >= 0
<	より小さい	a < 0
<=	以下	a <= 0
==	等しい	a == 0
!=	等しくない	a != 0

　5行目で変数water_tempに代入する値を変えると、実行結果が変わります。例えば、変数 water_temp に -10.0 を代入すると、次のような結果になります。

• water_tempの温度を0℃以下にした場合
```
double water_temp = -10.0;
```

• 実行結果②
```
水の温度:-10.000000
固体
```

　また、変数 water_temp に 100 以上の値を代入すると、次のような結果に変わります。

• water_tempの温度を100℃より大きくした場合
```
double water_temp = 101.0;
```

• 実行結果③
```
水の温度:101.000000
気体
```

　変数 water_temp に代入する値をいろいろ変えて結果を確認してみましょう。

◉ if文のさまざまな書式
　なお、if 文の書式は、ほかにも次のような書き方ができます。

• if文の書式②
```
if (条件式) {
    処理
}
```

　( ) 内の条件式が成立したとき、{ } に囲まれた処理を実行します。さらに、次のような記述方法もあります。

• if文の書式③
```
if (条件式) {
    処理①
```

```
}
else {
    処理②
}
```

　条件式が満たされたときには処理①が実行され、条件式が満たされなかった場合は、else（エルス）文以下の処理②が実行されます。

◉ 論理演算子

　if 文および else if 文の中で記述する条件式は、**論理演算子（ろんりえんざんし）**を使って以下のような書き方ができます。

● 論理演算子

演算子	名称	意味	使用例	例の意味
&&	論理積（ろんりせき）	AND（アンド）	a > 0 && b > 0	a、bともに正
||	論理和（ろんりわ）	OR（オア）	a > 0 || b > 0	a、bいずれか正
!	否定（ひてい）	NOT（ノット）	!(a == 0)	aが0ではない

　&& は、AND といい**複数の条件がすべて成り立っているときに真**となります。また、|| は、OR といい、複数の条件のうち**どれかが成り立っているときに真**ということになります。! は NOT といい**条件を逆転**させます。

②-4 繰り返し処理

POINT

- 繰り返し処理について理解する
- for 文による繰り返し処理について学習する
- while 文による繰り返し処理について学習する

● 繰り返し処理

　繰り返し処理とは、ある処理を一定回数（もしくは無限に）繰り返す処理のことです。C 言語には、繰り返し処理を実現する方法として、**for（フォー）文** や **while（ホ**

ワイル）**文**が用意されています。ここではそれぞれの使い方を紹介します。

for 文

手始めに繰り返し処理の最も基本的な処理である、for（フォー）文について学んでいくことにしましょう。for 文は、{ } で囲まれた処理を、指定した条件が満たされている間繰り返す処理です。

繰り返し処理は**ループ処理**とも呼びます。C 言語で最もよく使われる処理の 1 つです。次のサンプルを実行してみてください。

Sample104/main.c

```
01  #include <stdio.h>
02
03  int main(int argc, char** argv) {
04      int i;
05      for (i = 1; i <= 5; i++) {
06          printf("%d ", i);
07      }
08      printf("¥n");
09      return 0;
10  }
```

• 実行結果

```
1 2 3 4 5
```

for文の書式

実行結果を見ると、for 文の { } に囲まれた部分が 5 回実行されたことがわかります。しかも変数 i が、1 から 5 に 1 つずつ増加しています。まず for 文の書式を見てみましょう。

• for文の書式

```
for (初期化処理; 条件式; 増分処理) {
    処理
}
```

この書式を Sample104 に当てはめると、初期化処理の部分が「i = 1」なので、変数 i の値は 1 からはじまります。次の条件式は、if 文で使うものと同じで、「i <= 5」は変数 i が 5 以下の間繰り返すという意味です。最後の増分処理は「i++」と書いて

ありますが、これはインクリメントといって、変数 i の値を 1 増加させる処理です。

　以上により、この for 文は「i = 1 からはじめて、変数 i を 1 ずつ増やし、変数 i が 5 以下ならば { } 内の処理を実行」という処理を変数 i が 5 より大きくなるまで繰り返します。

● for文の処理

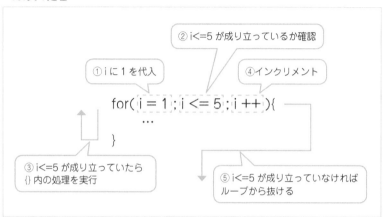

◉ インクリメント・デクリメント

　for 文では**インクリメント**および、**デクリメント**という処理をよく行います。インクリメントとは、前述のとおり変数の値を 1 増やす処理です。デクリメントとは、変数の値を 1 減らす処理です。この処理を表にまとめると、次のように表せます。

● インクリメント・デクリメントの処理一覧

演算	呼び名	意味	該当する演算
i++;	インクリメント（後置）	変数の値を1増加させる	i=i+1;もしくはi+=1;
++i;	インクリメント（前置）	変数の値を1増加させる	i=i+1;もしくはi+=1;
i--;	デクリメント（後置）	変数の値を1減少させる	i=i-1;もしくはi-=1;
--i;	デクリメント（前置）	変数の値を1減少させる	i=i-1;もしくはi-=1;

◉ 代入演算子

　数学の「=」記号は、左辺と右辺の値が等しいという意味ですが、代入で使用する **=（イコール）記号**は、右辺の値を左辺の変数に代入するという意味になるため、次のような書き方をすることがあります。

● 自身を使った計算結果を代入する

```
a = a + 1;
```
← `a に、a+1 の値を代入する`

　この場合、仮に最初の段階で変数 a に 1 が入っていたとすると、そこに 1 を足した 2 が変数 a に代入されます。

● a=a+1の処理

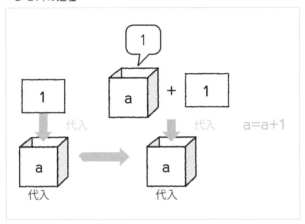

　このような演算は、**代入演算子（だいにゅうえんざんし）** を使うと簡潔に表現できます。例えば、「a=a+1」という処理は、「a+=1」と簡潔な表現をすることができます。以下は代表的な代入演算子とその書式です。

● 代入演算子の使用例

演算子	使用例	意味
+=	a+=1	a=a+1
-=	a-=1	a=a-1
*=	a*=2	a=a*2
/=	a/=2	a=a/2
%=	a%=2	a=a%2

　以上より、Sample104 の for 文で使った「i++;」は「i=i+1;」および「i+=1;」と同じ意味であることがわかります。

◉ さまざまなfor文の記述方法

次に、for 文のさまざまな記述方法を見てみましょう。

Sample104/main.cの5行目を、以下の表のようにいろいろな値に変えてみましょう。

• for文の記述方法

記述方法	実行結果	説明
for(i = 0; i < 5; i++)	0 1 2 3 4	変数の値を1増加させ5になると終了
for(i = -2; i <= 2; i++)	-2 -1 0 1 2	-2から2まで、値を1つずつ増加させる
for(i = 0; i < 10; i+=2)	0 2 4 6 8	変数の値を2ずつ増加させる
for(i = 5; i >= 1; i--)	5 4 3 2 1	変数の値を5から1まで1つずつ減少させる
for(i = 2; i >= -2; i--)	2 1 0 -1 -2	2から-2まで、値を1つずつ減少させる
for(i = 12; i > 0; i-=3)	12 9 6 3	変数の値を3ずつ減少させ0になると終了

⬤ while 文

繰り返し処理には for 文以外に while 文があります。Sample104 と同じ処理を while 文で記述してみましょう。以下のプログラムを入力し実行してみてください。

Sample105/main.c

```
01 #include <stdio.h>
02
03 int main(int argc, char** argv) {
04     int i = 1;
05     while (i <= 5) {
06         printf("%d ", i);
07         i++;
08     }
09     printf("\n");
10     return 0;
11 }
```

• 実行結果

```
1 2 3 4 5
```

● while文の書式

プログラムについて解説する前に、まずは while 文の書式を見てみましょう。

● while文の書式

```
while (条件式) {
    処理
}
```

while 文は、( )内の条件が成り立つ間は、{ }内に記述されている処理を繰り返します。for 文と違い while 文には、増分処理や、初期値を設定する処理が ( )内が存在せず、ほかの場所に記述する必要があります。

● while文の働き

まず4行目で、変数 i を 1 で初期化します。この段階で while 文の条件である「i <= 5」は正しいので、ループ処理に入ります。ループ内で変数 i の値を表示するとともに、i++ を行うことで、変数 i の値が増加しています。変数 i が 6 にとなると、「i <= 5」は正しくないためループから出ます。

● while文の仕組み

②-5 配列変数

- 配列変数について理解する
- 配列変数と for 文の関係について理解する

配列変数とは

C言語では、大量のデータを扱うために**配列変数（はいれつへんすう）**もしくは**配列**と呼ばれる変数が用意されています。配列変数とはどのようなものかを説明するために、以下のサンプルを入力・実行してみてください。

Sample106/main.c

```
01  #include <stdio.h>
02
03  int main(int argc, char** argv) {
04      //  配列変数aの宣言
05      int a[3];
06      //  配列変数bの宣言と初期化
07      double b[] = { 0.1, 0.2, 0.3 };
08      int i;
09      //  配列変数aの初期値を代入
10      a[0] = 1;
11      a[1] = 2;
12      a[2] = 3;
13      //  配列の値を表示
14      for (i = 0; i < 3; i++) {
15          printf("a[%d]=%d ", i, a[i]);
16          printf("b[%d]=%lf¥n", i, b[i]);
17      }
18      return 0;
19  }
```

- 実行結果

```
a[0]=1 b[0]=0.100000
a[1]=2 b[1]=0.200000
a[2]=3 b[2]=0.300000
```

⦿ 配列変数の宣言と値の代入

5行目の「int a[3];」が、配列変数の宣言です。この場合、変数aが配列変数になります。[ ] の中に記述されているのが配列の大きさ（**要素数**）で、この場合3になります。この配列変数の宣言により、a[0]、a[1]、a[2] という3つのint型の変数が使用可能になります。なお、ここで [ ] の中に書いてある数字を、**添え字（そえじ）**といいます。

添え字は必ず0からはじまるので、配列の大きさが3の場合は0から2までになります。通常の変数が戸建て住宅なら、配列変数は集合住宅のようなものです。集合住宅の住所は「〇〇マンション××号室」のように、建物名＋部屋番号という形で記述します。配列変数において、変数名は建物名にあたり、添え字は部屋番号にあたると考えると理解しやすいでしょう。

● 配列の宣言

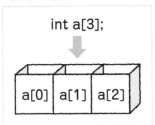

10～12行目で、配列変数の各要素に値を代入しています。例えば「a[0] = 1;」という処理は、配列変数aの0番目の要素に1を代入することを意味します。

● 配列変数への値の代入

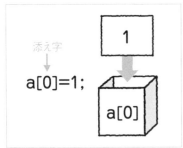

◉ 配列変数の宣言と初期化を同時に行う

通常の変数と同様に配列変数も宣言と初期化を同時に行うことができます。このサンプルの場合、7行目で行っている処理が該当します。

• Sample106/main.cの7行目

```
double b[] = { 0.1, 0.2, 0.3 };
```

これは、以下の処理を行っているのと同じ処理です。

• 7行目と同じ処理になる記述

```
double b[3];
b[0] = 0.1;
b[1] = 0.2:
b[2] = 0.3;
```

配列変数の大きさがそれほど大きくなく、かつ値が定まっている場合は7行目の記述方法が最も手軽に宣言と初期化を行えます。

◉ 配列変数の内容の表示

配列変数の内容は14～17行目で表示します。変数 i は添え字を表し、for ループで 0、1、2 と変化します。これにより、a[i] の値は a[0]、a[1]、a[2] と変化するため、代入されている値が表示されます。

配列変数 b に関しても同様です。

• 配列変数と添え字の変化

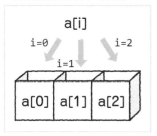

配列変数の内容を取得する場合、しばしばこのように for ループを利用します。**ただし配列の範囲を超えてしまわないようにしましょう。** このサンプルの場合、配列変数 a、b の添え字は 0 ～ 2 ですが、3 や -1 のように範囲から外れた値を入れないようにしましょう。

> ⚠️ **注意**　配列に for ループでアクセスする際には、配列の範囲から外れないように注意する必要があります。

②-6 関数

- 関数について理解する
- 基本的な関数の定義を学習する

関数とは何か

C 言語の基本の最後として、**関数（かんすう）**について説明します。

本格的なプログラムを作成していると、必ず遭遇する問題があります。それは、同じような処理を何度も繰り返して記述する必要があることです。

例えば、プログラムの中で台形の面積を計算する処理があったとします。1 回くらいであれば、公式に当てはめてそのまま計算式を書けばよいですが、何度も同じ処理を記述するのはなかなか億劫なものです。それが複雑な処理ならなおさらです。

そのため、こういう処理には何らかの名前を付け、**必要になるたびにその処理を呼び出す**ことができれば楽です。このような仕組みを**関数（かんすう）**と呼びます。

以下のサンプルは、独自の関数を定義して呼び出しています。入力し実行してみてください。

Sample107/main.c
```
01 #include <stdio.h>
02
03 // プロトタイプ宣言
04 double avg(double, double);
05
06 int main(int argc, char** argv) {
07     double d1, d2, d3;
08     double a = 1.2, b = 3.4, c = 2.7;
09     // 同じ計算が3回（関数を呼び出して計算）
10     d1 = avg(a, b);
```

```
11    d2 = avg(4.1, 5.7);
12    d3 = avg(c, 2.8);
13    printf("d1 = %f,d2 = %f,d3 = %f\n", d1, d2, d3);
14    return 0;
15  }
16
17  //  平均値を求める関数の定義
18  double avg(double m, double n) {
19    //  引数m、nの平均値を求め、rに代入する
20    double r = (m + n) / 2.0;
21    return r;
22  }
```

● 実行結果
```
d1 = 2.300000,d2 = 4.900000,d3 = 2.750000
```

　このプログラムは、2 つの数の平均をとって表示するものです。変数 d1、d2、d3 にはそれぞれ数値の平均値を代入しています。平均値を求める計算は、関数 avg によって行われ、結果がこれらの変数の中に代入されます。

◎ 関数の仕組み

　では一体、この関数はどのような仕組みになっているのでしょうか？　関数の仕組みを説明するためにまずは関数の書式を見てみましょう。

● 関数の書式
```
戻り値の型 関数名(引数の型 引数1, 引数の型 引数2,…, 引数の型 引数n) {
    処理
    return 戻り値;          ◄──── 省略されることもある
}
```

　基本的に関数には、好きな名前を付けることができます。また、必要な数だけ定義することが可能です。

◎ 引数と戻り値

　関数という名前が示すとおり、その使用方法は数学の関数と似ています。数学における関数とは、何らかの入力に対して出力を行うというものですが、この考え方は基本的に C 言語でも同じで、入力する値に対し、何らかの処理を行って値を出力する

ことになります。

入力する値を**引数 (ひきすう)**といいます。引数は複数定義することが可能であり、その場合は、間を「,」で区切ります。avg 関数の場合は 2 つの実数値(変数 m と n)が引数に該当します。なお、引数は必要がなければ省略することも可能です。

これに対し、関数の結果得られる結果を**戻り値 (もどりち)**といいます。avg 関数の場合、引数の平均が代入された変数 r の値が、戻り値として呼び出し元に返されます。

戻り値を返すときは、return 文を使います。

● 関数のイメージ

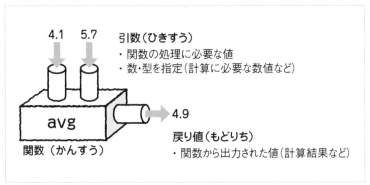

◎ 関数のプロトタイプ宣言

Sample107 では、main 関数のあとで avg 関数が定義されています。そのため、main 関数の中で avg 関数を呼び出せるように、あらかじめ関数の存在を示しておく必要があります。これが関数の**プロトタイプ宣言**です。main.c の 4 行目で行っています。

● avg関数のプロトタイプ宣言
```
double avg(double, double);
```

関数定義から引数名と関数の処理を取り除き、最後に「;」を付けたものです。このプロトタイプ宣言はのちに行う関数の定義と、対になるようにします。

◉ プログラムの処理の流れ

以上を踏まえ、Sample107の流れを説明すると次のようになります。

プログラムは6行目のmain関数から実行されます。10行目にたどり着くと、変数a（=1.2）と変数b（=3.4）を引数にしてavg関数を呼び出します。呼び出したavg関数では、引数mは1.2に、nは3.4になります（①）。

avg関数内では、20行目で引数mと引数nを足して2で割り、その値を変数rに代入しています。引数mには1.2、引数nは3.4なので、変数rは2.3になります（②）。

変数rの値が21行目の「return r;」の処理で戻り値として返されます。これでavg関数は終了し、処理は再びmain関数に戻ります。avg関数が終了した結果得られた戻り値「2.3」は、変数d1に代入されます（③）。

• 関数の処理の流れ

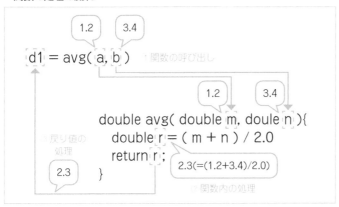

以降のプログラムは、関数へ渡す引数の値が違うだけでまったく同じ処理が繰り返され、変数d2、d3に戻り値が代入され、最後に表示されてプログラムが終了します。

参考

関数は必ず引数と戻り値を必要とするわけではなく、場合によっては省略することもできます。

練習問題

正解は 300 ページ

正解は 300 ページ

問題 1-1 ★☆☆

printf 関数で、自分の名前を表示するプログラムを作りなさい。なお、名前の最後には改行を表すエスケープシーケンスを入れること。

問題 1-2 ★☆☆

for 文を使って、「HelloC++」という文字列を 3 回表示するプログラムを作りなさい。

● 期待される実行結果

```
HelloC++
HelloC++
HelloC++
```

2日目

C++ の基本

① C++の文法

📄
- ⊙ C++ の基本を学習する
- ⊙ C 言語との違いを身に付ける
- ⊙ C++ 特有の文法を理解する

①-1 C++ での Hello World

- C++ がどういう言語かを理解する
- C++ で「Hello World」を表示する
- cin、cout の使い方を理解する

● C++ で Hello World

　前章では C 言語の文法を簡単に説明しました。ここからは本格的に C++ の説明をしていくことにします。　・

　まずは、C 言語で作成した「Hello World」の C++ 版を作成しましょう。

⊙ プロジェクトの作成

　プロジェクト「Sample201」を作成します。**作成方法は C 言語のプロジェクトを作るのと同じ手順です（18 ページ参照）。** プロジェクトの種類に空のプロジェクトを選択して、「Sample201」という名前のプロジェクトを作成してください。

⊙ ソースファイルの作成

　プロジェクトが完成したら、C 言語のときと同様、ソリューションエクスプローラーの「ソースファイル」フォルダに、ソースファイルを追加してください。

C言語のソースファイルの拡張子は「c」ですが、C++ は「cpp」です。なので、ファイル名を「main.cpp」としてください。

● ソースファイルの追加

❶「main.cpp」と入力

❷［追加］をクリック

ファイルを追加したら、ファイル名が「main.cpp」となっていることを確認してください。以降で作成するソースファイルの拡張子も「cpp」にしましょう。

● ソースファイルが追加された状態

main.cppが追加された

◎ プログラムの入力

次にプログラムを入力します。以下のようにプログラムを入力し、実行してください。

Sample201/main.cpp
```
01  #include <iostream>
02
03  using namespace std;
04
05  int main(int argc, char** argv) {
```

```
06    cout << "Hello World." << endl;
07    return 0;
08 }
```

● 実行結果

```
Hello World.
```

　プログラムを実行すると、"Hello World." という文字列が表示されます。

　main.cpp を見てみると、namespace や cout など C 言語にはなかった記述があります。一体、このプログラムはどのような仕組みになっているのでしょうか？　ここでは、C 言語との違いを中心に見てみましょう。

◎ ヘッダーと iostream

　1 行目に出てくる「#include」は、C 言語同様ヘッダーファイルと呼ばれるファイルをインクルードする（読み込む）ための宣言です。

　ここで読み込んでいるのは、iostream というファイルです。これは、ヘッダーファイルですが、C++ 専用の処理のものであり、C 言語のときのように ".h" は、必要ありません。

　そのため、C 言語のヘッダーファイルと区別するため、単にヘッダーと呼ばれます。

● ヘッダーのインクルード

```
#include <iostream>
```

　C 言語ではヘッダーファイルを呼び込むことで、さまざまな関数を利用できるようになりましたが、C++ の場合は、ヘッダーを読み込むと、オブジェクトやクラスを利用できるようになるといった違いがあります。オブジェクトやクラスについては、3 日目で詳しく説明します。

◎ 名前空間の利用

　続いて 3 行目の「using namespace std;」の部分ですが、using namespace は、指定された名前の名前空間（なまえくうかん）を使うことを意味しています。名前空間は C 言語には存在せず、C++ から導入された概念で、プログラム内の変数や関数などの場所を表すものです（詳細は 68 ページ参照）。

　名前空間はプログラマーが独自に定義することもできますが、C++ には標準名前空間（ひょうじゅんなまえくうかん）と呼ばれる名前空間が、あらかじめ利用できる

ようになっています。

6 行目に出現する「cout」は、標準名前空間の std で定義されています。そこで、「std という標準名前空間を利用する」という宣言をして、cout を使えるようにします。

● 標準名前空間の利用
```
using namespace std;
```

● cout

続いて、プログラムの中身に移ります。C++ では、C 言語の printf 関数のような標準入出力の出力処理を行うために、cout というストリームを扱うオブジェクトが用意されています。

● 「Hello World.」の表示
```
cout << "Hello World." << endl;
```

C++ の標準入出力は、**ストリーム**と呼ばれる仕組みを使ってデータのやりとりを行います。ここでは、cout をとおしてストリームに、文字列 "Hello World." を送り出しているわけです。ストリームに渡したいデータは、<< を使って渡します。逆にストリームからデータを受け取りたいときは、>> を使います。

最後の endl は改行を表します。C 言語のプログラムで記述した ¥n も利用可能ですが、cout を使う場合は、こちらが一般的です。

● コンソールからの入力

続いて、コンソールから数値を入力し表示するサンプルを紹介しましょう。まずは、以下のプログラムを実行してください。

Sample202/main.cpp
```
01 #include <iostream>
02
03 using namespace std;
04
05 int main(int argc, char** argv) {
06     int a, b;
07     //  変数a,bにキーボードから整数の値を入力
```

```
08      cout << "a=";
09      cin >> a;
10      cout << "b=";
11      cin >> b;
12      //   a+bの計算結果を表示
13      cout << "a+b=" << a + b << endl;
14      return 0;
15  }
```

　プログラムを実行すると「a=」と表示されるので、整数値を入力して Enter キーを
押します。次に「b=」と表示されるので、再び整数値を入力して Enter キーを押します。
　すると「a+b=」と表示され、その後ろに入力した 2 つの整数の和が表示されプログ
ラムが終了します。

● 実行結果

```
a=5     ◀──── キーボードから数値を入力して Enter キーを押す
b=3     ◀──── キーボードから数値を入力して Enter キーを押す
a+b=8
```

◉ cin

　9、12 行目に出てくる cin は cout 同様、標準名前空間に含まれるストリームを扱
うオブジェクトの 1 つです。以下のようにすることで、キーボードから入力した値
を変数に代入することができます。

● cinの書式

```
cin >> 変数名;
```

　これにより、8 ～ 11 行目の処理で int 型の変数 a、b にキーボードから入力した値
が代入されます。

◉ coutに連続的にデータを送り込む

　計算結果を表示しているのが 13 行目の cout です。
　cout では、連続していくつもの値を表示する場合、間を << で挟みます。そのため
13 行目では、"a+b="、a+b の計算結果、改行（endl）の順で出力されるわけです。
　このことからわかるとおり、C++ においては、C 言語の printf 関数のように、%d

や ¥n といった記述はほとんど必要ありません。利用することはないわけではありませんが、C 言語に比べればはるかに少なくなっています。

◉ ストリームの概念

最後に、ストリームの概念について説明します。ここまで読むと cout や cin は、C言語で行うコンソールへの出力や、キーボードからの入力処理と同じだと思われるかもしれませんが、実は違います。

これらは、ストリームと呼ばれるものに対し、データ（数値や文字列など）を送り出したり、逆に受け取ったりするものなのです。ストリームとは、英語で渓流などを表す言葉で、「流れ」という意味があります。

cin や cout は、ストリームからデータを受け取ったり、送り込んだりします。不等号の向きは、その流れの向きを表すわけです。

そして、ストリームを流れるデータの行き着く先は、今回のサンプルのようなコンソールだったり、ファイルシステムだったりするわけです。これにより、ファイルへの読み書きと、コンソールからの入力・出力の処理がほとんど同じような記述で行うことができるのです。

◦ ストリームの流れ

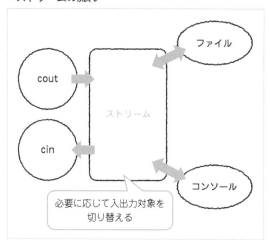

①-2 文字列の扱い

POINT

- C++ での文字列の扱い方を学習する
- C 言語と共通の文字列の操作を学習する
- string クラスを使った文字列の操作を学習する

● C++ での文字列の扱い

　ここまで cin、cout を使って数値の入力や表示などを扱ってきましたが、ここから
は文字列を扱う方法について説明します。

　C++ で文字列を扱う方法は、2 つあります。1 つは C 言語の方法を踏襲したもので、
文字列を char 型の配列として扱う方法です。

　もう 1 つは、C++ 特有の string クラスを使った文字列の扱いです。それぞれの方
法には一長一短があるため、C++ では条件に応じて両方の方法が使い分けられます。

　ここではそれぞれの方法について説明します。

● C 言語の方法を踏襲した文字列の扱い

　まずは C 言語の方法を踏襲した文字列の扱い方について説明します。以下のプロ
グラムを入力し実行してください。

Sample203/main.cpp
```
01 #include <iostream>
02 #include <stdio.h>
03
04 using namespace std;
05
06 // 文字列の扱い
07 int main(int argc, char** argv) {
08     char s1[] = { 'a','b','c','¥0' };    // 文字列"abc"
09     char s2[] = "HelloWorld";            // 文字列"HelloWorld"
10     printf("== printfで表示 ==¥n");
11     printf("s1 = %s¥n", s1);
```

```
12    printf("s2 = %s¥n", s2);
13    cout << "== coutで表示 ==" << endl;
14    cout << "s1 = " << s1 << endl;
15    cout << "s2 = " << s2 << endl;
16    return 0;
17 }
```

● 実行結果

```
== printfで表示 ==
s1 = abc
s2 = HelloWorld
== coutで表示 ==
s1 = abc
s2 = HelloWorld
```

C 言語では文字列を char 型の配列変数として扱います。以下、その仕組みについて説明していきます。

ASCII（アスキー）コード

char 型は文字を表すために使用する型です。

例えば、次のようにすると変数 a は、アルファベットの「A」が代入された状態になります。記号「'」はシングルクオーテーションといい、文字を表すための記号です。

```
char a = 'A';
```

コンピュータは数値しか扱うことができないので、char 型は -128 ～ 127 の範囲の整数が入る型です。そのため、変数 a には「A」という文字を表す文字コードもしくはキャラクターコードと呼ばれる数値が入っています。

C 言語の char 型は基本的に、ASCII（アスキー）コードと呼ばれる文字コードが入ることを前提としています。ASCII コードとはアルファベットや数字、記号などを収録した文字コードの 1 つで、最も基本的な文字コードとして世界的に普及しています。7 ビットの整数（0 ～ 127）で表現され、アルファベット（大文字・小文字）、数字、記号、空白文字、制御文字など 128 文字を収録しています。

文字列とNULL文字

char 型の配列変数の要素には、それぞれ文字コードが入っています。そして、文字列の最後にあたる要素には必ず ¥0 が入っています。この文字を **NULL（ヌル）文字** もしくは**ヌル終端文字**といいます。値としては整数値の 0 に等しいのですが、文字として使用する場合にこのような呼び方をします。

配列変数に文字列を作る場合は、最低限、文字数 +1（NULL 文字）の大きさが必要になります。また**配列の途中に ¥0 があれば、そこで文字列は終了**になります。配列変数 s1 は全部で「abc」3 文字のアルファベットからなる文字列です。

- 配列変数s1の定義方法

```
char s1[] = { 'a','b','c','¥0' };
```

この場合、必要となる配列変数の要素数は 4 となり、最初の 3 つの要素にそれぞれ「a」「b」「c」というアルファベットの ASCII コードが入り、最後に「¥0」が入ります。

- 文字列「abc」が入った配列

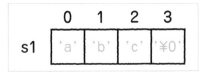

ただ、このような記述法は効率的ではないので、通常は以下の配列変数 s2 のような記述法がとられます。

- 配列変数s2の定義

```
char s2[] = "HelloWorld";
```

これにより、配列変数 s2 の中身は次の状態になります。

- 列「HelloWorld」が入った配列

	0	1	2	3	4	5	6	7	8	9	10
s2	'H'	'e'	'l'	'l'	'o'	'W'	'o'	'r'	'l'	'd'	'¥0'

「HelloWorld」という文字列は全部で 10 文字ですが、配列変数 s1 の場合と同様、文字列の終端を表す ¥0 が最後に必要なので、長さ 11 の char 型の配列が必要となります。

文字列を定義するとき、いちいち配列変数の長さを定義するのは面倒ですが、配列変数 s2 のような [ ] 内の数値を省略した定義ができるので、文字列の長さをわざわざカウントしなくても配列を作ることができます。

printf関数での文字列の表示

次に、文字列を表示する方法について説明します。文字列を表示する方法は C 言語の printf 関数を使う方法と、C++ の cout を使う方法があります。まずは、C 言語の方法について説明します。

このサンプルでは 11、12 行目で prinf 関数を呼び出しています。

printf関数を使う場合

```
printf("s1 = %s¥n", s1);
printf("s2 = %s¥n", s2);
```

printf 関数による文字列の表示は、数値の場合と基本的に同じです。文字列を挿入する部分に「%s」と記述し、,（カンマ）で区切った文字列の変数（char 型の配列変数）の変数名を記述すれば表示することができます。

coutで文字列を表示

また、cout で配列変数 s1、s2 を表示する場合も、数値の場合と同じように「<<」を使って出力することができます。

coutを使う場合

```
cout << "s1 = " << s1 << endl;
cout << "s2 = " << s2 << endl;
```

これにより「s1 =」のあとに配列変数 s1 の内容が、同様に「s2 =」のあとに配列変数 s2 の内容が表示されます。

なお、cin からデータを受け取る場合、char 型の配列は利用できません。C++ のために用意された別の仕組みを利用する必要があります。

● string クラスを使った文字列の扱い

C++ で文字列を表す方法には、char 型の配列を利用する以外にも、__string クラス__を利用する方法があります。

◉ stringクラスを使って文字列を操作

string クラスと cin および cout をあわせて使うと、char 型の配列を使った文字列の操作よりも楽に文字列を扱えます。

クラスについては 94 ページ以降で説明するので、ここでの説明は省略しますが、ひとまず string クラスを使って作った以下のサンプルを実行してみてください。

Sample204/main.cpp

```
01  #include <iostream>
02  #include <string>
03
04  using namespace std;
05
06  int main(int argc, char** argv) {
07      string s, t;
08      t = "入力された文字は、";
09      cout << "文字列を入力:";
10      cin >> s;
11      cout << t + s << "です。" << endl;
12      return 0;
13  }
```

● 実行結果

```
文字列を入力:Hello      ◀──── キーボードから入力
入力された文字は、Helloです。
```

実行すると「文字列を入力：」と出力され、入力待ち状態になります。ここで任意の文字列を入力し、[Enter] キーを押すと、「入力された文字列は○○です。」と表示されます。

見てわかるとおり、C 言語で同様のプログラムを作るときよりも簡単ですし、cin、cout の記述方法は、int のときとまったく変わりません。これが、C++ のストリームを利用するメリットの 1 つです。

◉ string型と演算子

　string クラスを使って文字列を扱うには、2 行目のように **string ヘッダーをインクルードする必要があります**。string クラスが利用可能になると、7 行目のように **string 型**の変数を宣言できるようになります。string 型も文字列を扱うための型です。

　string 型の変数へ値（文字列）を代入するときは、= 演算子を使います。8 行目で、= 演算子を使って変数 t に「入力された文字は、」を代入しています。

　また、11 行目のように、**+（プラス）演算子で、文字列同士をつなげることが可能です**。このように、C 言語とは違い、文字列の操作が簡単にできることが C++ の特徴です。string 型は、以下の表のように演算子を使って文字列を操作することが可能です。

● string型で使える主な演算子

演算子	意味	例	結果
+	文字列同士の足し算	s1 + s2	"HelloWorld"
+=	文字列同士の足し算（代入演算）	s = "Hello"; s += "World"	"HelloWorld"
==	比較演算（内容が同等）	s == "Hello"	trueもしくはfalse
!=	比較演算（内容が異なる）	s != "Hello"	trueもしくはfalse
>および<	比較演算（文字列の大きさ）	s > "Hello" または s < "Hello"	trueもしくはfalse

（true ／ false については P74 で解説）

char 型の配列と string 型の使い分け

　char 型と string 型にはそれぞれ長所・短所があります。それぞれを挙げると次のようになります。

● char型の長所と短所

長所	・必要とするメモリが少ない ・処理スピードが速い ・C言語の資産を受け継げる
短所	・処理が複雑でわかりづらい ・エラーが起こりやすい

● string型の長所と短所

長所	・扱いが簡単でわかりやすい ・エラーを起こしにくい
短所	・char型の配列に比べて余計なメモリを必要とする ・char型の配列よりも処理スピードが遅い

このような違いがあることから、C++ では状況に応じて両方を使い分けるケースが多いため、しっかり両方の使い方を知っておく必要があります。

1-3 名前空間

- 名前空間の概念について正確に理解する
- 名前空間を使う方法について理解する

名前空間とは何か

ここからは、Sample201（58 ページ）で簡単に説明した**名前空間（namespace、ネームスペース）** について、改めて説明します。

C 言語と C++ との大きな違いの 1 つは、C++ はあらかじめ大規模開発を意識して作られている言語だという点です。

大規模開発とは、大勢のプログラマーが 1 つのアプリケーションを開発することです。その場合、問題になってくるのが、名前の重複です。ある単語が変数や関数の名前に使われると、ほかの開発者は同じ単語の変数やクラスを定義できなくなり、大変不便です。

そこで登場するのが名前空間です。

名前空間がない場合

例えば、ゲームの開発現場で、2 人のプログラマーがたまたま power という名前の変数を使用していたとします。1 人は funcA という関数の中で使用、もう 1 人は funcB という関数で使用していたと仮定します。

このとき、プログラマーがそれぞれの関数で同じ変数を使うと、不都合が発生します。以下のサンプルを入力・実行してみてください。

Sample205/main.cpp
```
01 #include <iostream>
02
03 using namespace std;
```

```
04
05  //   グローバル変数power
06  int power;
07
08  //   関数のプロトタイプ宣言
09  void funcA();
10  void funcB();
11
12  int main(int argc, char** argv) {
13      power = 20;
14      cout << "main:power=" << power << endl;
15      funcA();
16      funcB();
17      return 0;
18  }
19  //   プログラマーAの処理
20  void funcA() {
21      cout << "funcA:power=" << power << endl;
22      //   powerの値を変更
23      power = 30;
24  }
25  //   プログラマーBの処理
26  void funcB() {
27      cout << "funcB:power=" << power << endl;
28  }
```

• 実行結果
```
main:power=20
funcA:power=20
funcB:power=30
```

　変数 power は、6 行目で定義されています。このように関数の外で定義される変数は一般に**グローバル変数**といい、プログラム全体で共有できる変数です。これに対し関数の中で定義される変数のことを**ローカル変数**といい、定義された関数の中でしか使うことができません。

　このサンプルで定義された変数 power は、main 関数、funcA 関数、funcB 関数のどこからでも利用できます。変数 power はこのプログラム全体に 1 つしか存在しないため、いずれかの関数で値を変更すると、ほかの関数で呼び出しても同じ値になります。

　このサンプルでは、main 関数内で変数 power に 20 を代入しているため、funcA 関数を呼び出したときに変数 power には 20 が代入された状態です。また、funcA 関

数で変数 power に 30 を代入すると、funcB 関数を呼び出して変数 power を表示すると 30 が表示されます。

　通常、プログラム全体で同じ名前のグローバル変数は 1 つしか定義できません。このように、別々のプログラマーがそれぞれの関数で同じ変数を使ってしまうと、お互いに気が付かないところで値が変更されてしまい、不具合を起こしてしまう可能性があります。

◉ 名前空間を利用して同名の変数を複数定義する

　この問題は名前空間を利用することで解決できます。

　以下のサンプルのようにすると、グローバル変数 power を複数宣言することができます。

Sample206/main.cpp

```
01  #include <iostream>
02
03  using namespace std;
04
05  //    名前空間Aのpower
06  namespace A {
07      int power;
08  }
09  //    名前空間Bのpower
10  namespace B {
11      int power;
12  }
13
14  //    関数のプロトタイプ宣言
15  void funcA();
16  void funcB();
17
18  int main(int argc, char** argv) {
19      A::power = 20;   //    名前空間Aのpowerへ代入
20      B::power = 30;   //    名前空間Bのpowerへ代入
21      cout << "main:A::power=" << A::power << endl;
22      cout << "main:B::power=" << B::power << endl;
23      funcA();
24      funcB();
25      return 0;
26  }
27  //    プログラマーAの処理
28  void funcA() {
```

```
29      //   名前空間Aを使う
30      using namespace A;
31      cout << "funcA:A::power=" << power << endl;
32      cout << "funcA:B::power=" << B::power << endl;
33      //   power（名前空間A）の値を変更
34      power = 40;
35  }
36  //   プログラマーBの処理
37  void funcB() {
38      //   名前空間Bを使う
39      using namespace B;
40      cout << "funcA:A::power=" << A::power << endl;
41      cout << "funcA:B::power=" << power << endl;
42  }
```

• **実行結果**

```
main:A::power=20
main:B::power=30
funcA:A::power=20
funcA:B::power=30
funcA:A::power=40
funcA:B::power=30
```

　このプログラムの詳細について説明する前に、まずは名前空間の基本について説明します。

◉ 名前空間の定義

　名前空間は独自に定義することが可能で、以下のような書式で記述します。

• **名前空間の定義**

```
namespace 名前空間の名称 {
    変数や関数の定義など
}
```

　{ } の中で定義した変数や関数などは、指定した名前空間の中でしか使えません。このサンプルでは 5 ～ 12 行目で、2 つの名前空間 A、B が定義されると同時に、この中で変数 power が定義されています。

- 名前空間の概念

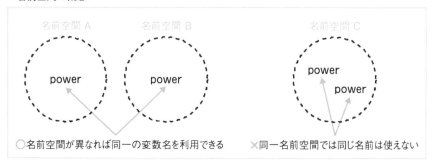

名前空間A　　　　名前空間B　　　　　　　　名前空間C

○名前空間が異なれば同一の変数名を利用できる　×同一名前空間では同じ名前は使えない

- 名前空間の定義

```
//    名前空間Aのpower
namespace A {
    int power;
}
//    名前空間Bのpower
namespace B {
    int power;
}
```

◉ 名前空間の利用

名前空間を利用する方法として、以下の方法があります。

- 名前空間の利用①

```
using namespace 名前空間名;
```

funcA 関数では、「using namespace A;」と記述してあるので、**この関数の中では単に「power」と記述すると、名前空間 A の変数 power を指します**。funcB 関数についても同様で、「using namespace B;」とすることにより、「power」と記述すると、名前空間 B の変数 power を指します。

しかし、状況によっては同時に名前空間 A、B 両方の変数を利用する必要があるケースもあります。そのような場合は以下のような書式で記述します。

- 名前空間の利用②

```
名前空間名::変数名やクラス名など
```

main 関数では、2 つの変数名を「A::power」「B::power」で区別しています。また、funcA 関数では「B::power」、funcB 関数では「A::power」とすることにより、using で使っている名前空間以外の名前空間で定義されている変数 power にアクセスできるようにしているのです。

• funcA関数内で、名前空間A、Bの変数powerを呼び出す

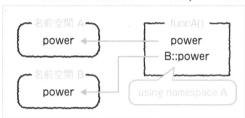

• main関数内で、名前空間A、Bの変数powerを呼び出す

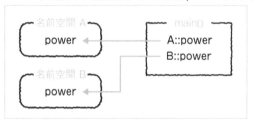

標準名前空間を利用する別の方法

以上を踏まえて、Sample201 を別の方法で記述してみましょう。

Sample207/main.cpp

```
01 #include <iostream>
02
03 int main(int argc, char** argv) {
04     std::cout << "HelloWorld." << std::endl;
05     return 0;
06 }
```

• 実行結果

HelloWorld.

このサンプルでは、「using namespace std;」という記述はありませんが、cout の前に「std::」を付けて、名前空間 std を利用しています。どちらの方法でも標準名前空間を利用することはできますが、状況に応じて最も便利な方法を選択するようにしましょう。

4 C++ と C 言語の細かな違い

- C++ で追加された bool 型について学習する
- C++ のローカル変数のスコープについて理解する

C 言語にはなく、C++ で追加されたさまざまな機能があります。ここではその中で、特に重要なものを紹介していきます。

bool 型

C 言語にはもともと、多くのプログラミング言語で用いられている論理の真偽値を表すデータ型は存在しませんでした。

しかし、C++ には bool という型が追加され、真偽値を扱えるようになりました。真偽値は、真を表す true と偽を表す false の 2 つです。

bool 型は、if 文や while 文のような条件分岐を伴う処理の中で利用できます。

if 文と bool 型

次のサンプルは、if 文の条件判定で、bool 型の戻り値を返す関数を呼び出しています。入力・実行してみましょう。

Sample208/main.cpp

```
01 #include <iostream>
02
03 using namespace std;
04
```

```
05 bool judge(int);
06
07 int main(int argc, char** argv) {
08     int n;
09     cout << "整数を入力:";
10     cin >> n;
11     if (judge(n)) {
12         cout << "この数は0以上です。" << endl;
13     }
14     else {
15         cout << "この数は0未満です。" << endl;
16     }
17     return 0;
18 }
19 // 引数が0以上ならtrue、そうでなければfalseを返す
20 bool judge(int n) {
21     if (n >= 0) {
22         return true;
23     }
24     else {
25         return false;
26     }
27 }
```

• **実行結果①（0以上の数を入力した場合）**

整数を入力:10 ◀━━━ 0 以上の数を入力して [Enter] キーを押す
この数は0以上です。

• **実行結果②（0未満の数を入力した場合）**

整数を入力:-1 ◀━━━ 0 未満の数を入力して [Enter] キーを押す
この数は0未満です。

　10 行目で変数 n に入力された数値が代入されます。

　変数 n は、11 行目で if 文の条件判定の際に、judge 関数の引数として使用します。
judge 関数は、引数の値が 0 以上であれば true、そうでなければ false を返します。if
文は、( ) の中の値が true であれば条件が満たされ、false であれば条件が満たされな
いと判断します。

　プログラムを実行すると「整数を入力：」と出力され、キーボードからの数値入力
を促します。このとき 0 以上の値を入力すると「この数は 0 以上です。」と表示され、
そうでなければ「この数は 0 未満です。」と表示されます。

while 文と bool 型

bool 型は if 文だけではなく、while 文の条件としても使用できます。C++ では、しばしば**無限ループ**を記述するときに、bool 型の値を利用します。

while文と無限ループ

無限ループとは、文字通り永遠に処理が終わらない繰り返し処理のことです。while 文で無限ループを記述すると、次のようになります。

● while文による無限ループ

```
while (true) {
    処理
}
```

while 文は、( ) 内の条件が成立している場合、{ } 内の処理を繰り返します。( ) 内に true を入れると、常に条件が成り立っている状態になるので、処理が無限に繰り返されます。

無限ループのサンプル

無限ループを使ったサンプルを以下に示します。入力して実行してみてください。

Sample209/main.cpp

```
01 #include <iostream>
02
03 using namespace std;
04
05 int main(int argc, char** argv) {
06     while (true) {
07         int n;
08         cout << "正の整数を入力してください:";
09         cin >> n;
10         // nが正の整数であればループから抜ける
11         if (n > 0) {
12             break;
13         }
14         cout << n << "は正の整数ではありません" << endl;
15     }
16     return 0;
17 }
```

実行結果（0以上の数を入力した場合）

正の整数を入力してください:-1 　　◀── 正の数以外を入力して [Enter] キーを押す
-1は正の整数ではありません
正の整数を入力してください:0 　　◀── 正の数以外を入力して [Enter] キーを押す
0は正の整数ではありません
正の整数を入力してください:-8 　　◀── 正の数以外を入力して [Enter] キーを押す
-8は正の整数ではありません
正の整数を入力してください:5 　　◀── 正の数を入力して [Enter] キーを押す

　プログラムを実行すると「正の整数を入力してください :」と表示され、整数値の入力を促されます。0 以下の数値を入力している間はこの処理が繰り返され、正の整数を入力するとプログラムは終了します。

　なお、[Ctrl]+[C] キーを押すことで、実行しているプログラムを強制的に止めることができます。

◉ 無限ループから抜ける

　プログラムの主要な処理は、while(true){ } の中にあるので、メッセージの表示とキーボードからの入力処理を無限に繰り返します。ただし、11 行目の if 文で変数 n が正の数かどうかを判定し、もしもそうであれば、12 行目の **break** でループから抜けてプログラムを終了します。break を使うと、while および for ループから抜け出すことができます。そのため、正の数が入力されると無限ループから抜け出しプログラムが終了します。

注意　プログラムの中で無限ループを使う場合、break でループを抜けるようにします。

● ローカル変数の定義

C言語とC++では、ローカル変数の扱い方が少し異なります。C言語では、ローカル変数は関数の処理の先頭で宣言しなくてはなりませんでしたが、C++ではどこで宣言しても構いません。まずは、以下のサンプルコードを実行してみてください。

Sample210/main.cpp

```
01  #include <iostream>
02
03  using namespace std;
04
05  int main(int argc, char** argv) {
06      cout << "ABC" << endl;
07      //   処理の途中で変数を宣言
08      int i;
09      for (i = 0; i < 10; i++) {
10          cout << ":" << i;
11      }
12      cout << endl;
13      for (i = 0; i < 3; i++) {
14          cout << "Hello" << endl;
15      }
16      return 0;
17  }
```

● 実行結果

```
ABC
:0:1:2:3:4:5:6:7:8:9
Hello
Hello
Hello
```

このサンプルの8行目を見てください。C言語の場合、何らかの処理を行ったあとに変数を定義するとエラーになりますが、C++では問題ありません。通常ローカル変数が宣言されると、それ以降から最後まで宣言したローカル変数を利用できるようになります。

for文の中で変数の宣言を行う

さらにこのプログラムは、以下のように変更することも可能です。

Sample211/main.cpp
```
01  #include <iostream>
02
03  using namespace std;
04
05  int main(int argc, char** argv) {
06      cout << "ABC" << endl;
07      //  処理の途中で変数を宣言
08      for (int i = 0; i < 10; i++) {
09          cout << ":" << i;
10      }
11      cout << endl;
12      for (int i = 0; i < 3; i++) {
13          cout << "Hello" << endl;
14      }
15      return 0;
16  }
```

実行結果は Sample210 と同じなので省略します。

8、12 行目を見てわかるとおり、for 文の中で変数 i が宣言されています。**for ループの中で宣言した変数の有効範囲はあくまでもそのループ内だけです**。このような書き方をすることで、for 文の繰り返しに使用する変数を別の場所で宣言する必要がないため、大変効率的です。

参考

> 近年の C 言語では、C++ と同様に bool 型やプログラムの途中での変数の宣言が利用可能になっています。しかし、コンパイラの種類により仕様が異なるためなるべく使わないほうが無難です。

例題 2-1 ★☆☆

　プログラムを実行すると「整数値を入力：」と表示され、入力待ち状態になり、キーボードから整数の値を入力し、入力した数値が偶数であれば、その数値が偶数であると表示するプログラムを作りなさい。

- **期待される実行結果①**

  整数値を入力：12　　←───　偶数を入力して [Enter] キーを押す
  12は偶数です。

- **期待される実行結果②**

  整数値を入力：1　　←───　奇数を入力して [Enter] キーを押す

解答例と解説

　cin でキーボードから数値を入力し、変数 num に代入します。次に if 文で、変数 num が偶数かどうかを判定し、そうであればメッセージを表示します。偶数かどうかを判定するには、2 で割って余りがないことを確認します。

Example201/main.cpp

```cpp
01  #include <iostream>
02
03  using namespace std;
04
05  int main(int argc, char** argv) {
06      int num;
07      cout << "整数値を入力:";
08      cin >> num;
09      if (num % 2 == 0) {
10          cout << num << "は偶数です。" << endl;
11      }
12      return 0;
13  }
```

例題 2-2 ★☆☆

プログラムを実行すると「Hello と入力 :」と表示され、入力待ち状態になり、キーボードから文字列を入力し、入力した文字列が「Hello」であれば「OK!」と表示し、そうでなければ「NG!」と表示するプログラムを作りなさい。

ただし、文字列を扱う変数には string 型にすること。

● **期待される実行結果①**

Helloと入力:Hello ◄── 「Hello」と入力して Enter キーを押す
OK!

● **期待される実行結果②**

Helloと入力:World ◄── 「Hello」以外を入力して Enter キーを押す
NG!

 解答例と解説

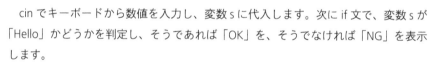

cin でキーボードから数値を入力し、変数 s に代入します。次に if 文で、変数 s が「Hello」かどうかを判定し、そうであれば「OK」を、そうでなければ「NG」を表示します。

キーボードから文字列を入力する場合には cin を、文字列を表示するには cout を使います。

Example202/main.cpp
```cpp
01 #include <iostream>
02
03 using namespace std;
04
05 int main(int argc, char** argv) {
06     //  文字列を代入する変数s
07     string s;
08     //  メッセージの表示と文字列の入力
09     cout << "Helloと入力:";
10     cin >> s;
11     //  文字列が「Hello」かどうかの判定
12     if (s == "Hello") {
13         cout << "OK!" << endl;
```

```
14      }
15      else {
16          cout << "NG!" << endl;
17      }
18      return 0;
19 }
```

メモリとポインタ

- ◯ C/C++ のメモリとポインタについて理解する
- ◯ C++ でのメモリの生成と消去について理解する

2-1 変数のアドレスとポインタ

- 変数のアドレスについて学習する
- ポインタの概念について学習する
- ポインタを引数としてとる関数を学習する

変数のアドレス

　ここからは変数の**アドレス（address）**について説明します。変数はコンピュータのメモリ中にあるため、その位置を表す数値であるアドレスが存在します。例えば、aという変数があるときに、&aとすることで、変数aのアドレスを取得することができます。これにより、変数の値がメモリ中のどこに存在するのかを知ることができます。

　実際に変数のアドレスを取得するプログラムを作成してみましょう。以下のプログラムを入力し、実行してみてください。

Sample212/main.cpp
```
01 #include <iostream>
02
03 using namespace std;
04
05 int main(int argc, char** argv) {
06     int a = 100;        //  int型の変数
```

```
07    cout << "aの値は" << a;
08    cout << "大きさは" << sizeof(int) << "byte、";
09    cout << "アドレスは" << std::hex << &a << "です。" << endl;
10    return 0;
11 }
```

● 実行結果（アドレス部分は実行する環境によって異なる）

aの値は100大きさは4byte、アドレスは0083F8C4です。

このプログラムを実行すると、定義した変数の値、大きさ（バイト数）、アドレスが表示されます。では、一体なぜこのような結果が得られるのか、プログラムの詳細を解説していきましょう。

まず、変数およびデータ型のサイズを取得するには、**sizeof 演算子**を使います。sizeof 演算子は以下のような使い方をします。

● sizeof演算子の使用方法

```
sizeof(int)    ◄─── int 型のサイズを取得
sizeof(a)      ◄─── 変数 a のサイズを取得
```

変数の型が使用するメモリのサイズは決まっているため、常に同じ値が得られます。

変数の型により使用するメモリのサイズは決まっています。

重要

また、**変数のアドレスは、先頭に &（アンパサンド）記号を付けることにより取得できます**。例えば、a という変数であれば、&a によってアドレスが得られます。

そのため、このプログラムを実行すると、変数 a がメモリ空間上で占めるメモリの大きさのバイト数と、そのアドレスを取得できます。アドレスは整数として取得されます。

アドレスは cout の中で、std::hex のあとに記述されています。std::hex は整数を16 進数に変換するもので、結果が 16 進数として表示されます。通常、メモリのアドレスは 16 進数で表記するのが一般的です。

なお、**変数のアドレスはプログラムを実行するたびに動的に割り振られるため、常に異なる値が割り振られます**。

● メモリ内の変数のアドレスとサイズ

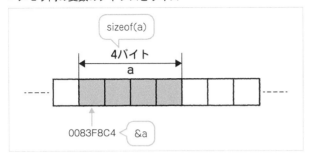

実行結果から、変数には固有のアドレスとサイズがあることがわかります。

● ポインタ

　変数には値のほかに、その値を格納するアドレスがあることがわかりました。つまり、**変数には値とアドレスという2つの側面があります**。通常の変数は値を入れることを前提としています。

　このほかにC/C++には、**アドレスを入れることを前提とした変数**が存在します。それを**ポインタ変数**もしくは、単に**ポインタ**といいます。では、そのポインタ変数を利用するにはどうしたらよいのでしょうか。ポインタ変数は例えば以下のように定義をします。

● int型ポインタ変数pの定義（intの場合）

```
int *p;
int* p;
```

どちらの書き方でもよい

　このように、変数名の先頭か変数の型のあとに「*」を付けると、その変数がポインタ変数であることを示すことができます。そもそも、ポインタ変数と普通の変数はどう違うのでしょうか。その違いをまとめておきましょう。

● 通常の変数とポインタ変数の比較（intの場合）

形態	通常の変数	ポインタ変数	解説
宣言	int a;	int* p;	ポインタ変数は、変数の先頭か型のあとに*を付ける
値	a	*p	ポインタ変数で値を示すには、先頭に*を付ける
アドレス	&a	p	ポインタ変数はアドレスを入れる

この表からわかるとおり、ポインタ変数は通常の変数と違い、アドレスを入れることを前提としています。

では、実際にこのポインタ変数はどのように利用すればよいのでしょうか？　簡単なサンプルを以下に示しますので、入力して実行してみてください。

Sample213/main.cpp

```
01  #include <iostream>
02
03  using namespace std;
04
05  int main(int argc, char** argv) {
06      int a = 100;        //  int型の変数
07      int* p = NULL;      //  int型のポインタ変数
08      //  aの値を表示
09      cout << "a=" << a << endl;
10      //  pにaのアドレスを代入
11      p = &a;
12      //  *pの値を表示
13      cout << "*p=" << *p << endl;
14      //  *pの値の変更
15      *p = 200;
16      cout << "*pの値を200に変更" << endl;
17      //  aの値を表示
18      cout << "a=" << a << endl;
19      return 0;
20  }
```

● 実行結果

```
a=100
*p=100
*pの値を200に変更
a=200
```

このプログラムでは、int 型の変数 a と、int 型のポインタ変数 p を宣言し、それらの値を表示しています。ポインタ変数 p には 100 という値を代入していないにもかかわらず、「100」と表示されています。

なぜこのようなことができるのでしょうか？　実はここがポインタ変数の大事な点なのです。

● NULLによる初期化

では、このプログラムを解説していきましょう。まず、6行目で変数aに100を代入して初期化しています。

続いて7行目でポインタ変数pを宣言しています。このとき、同時にNULLを代入し初期化しています。NULLは数値でいうと0を意味する定数で、通常ポインタ変数はNULLで初期化するという慣例になっています。

● ポインタ変数をNULLで初期化

```
int* p = NULL;
```

重要　ポインタ変数はNULLで初期化します。

● ポインタ変数に変数のアドレスを代入

このプログラムにa、pという2つのint型の変数が使われています。ただ、aが通常の値をとる変数であるのに対し、pはポインタ変数です。

<u>ポインタ変数は、ほかの変数のアドレスを代入するとその変数としてふるまうことができます</u>。11行目の「p = &a;」によってポインタ変数pには変数aのアドレスが代入されるため、13行目では「*p」の値は変数aの値と同じである100が表示されます。

● p = &a;の処理の実行

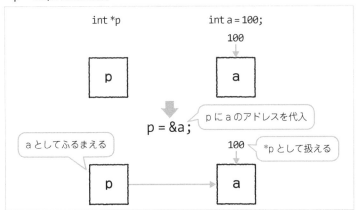

重要

ポインタ変数にほかの変数のアドレスを入れると、その変数としてふるまうことができます。

● ポインタ変数の値の変更が元の変数に反映される

さらに、15行目では「*p=200;」としています。ポインタ変数pには、変数aのアドレスが代入されているので、変数aに200を代入しているのと一緒です。

そのため、18行目で変数aの値を再び表示すると、値を代入していないにもかかわらず、「a=200」と表示されます。

● *p = 200;の処理の実行

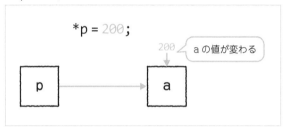

● ポインタ変数の注意点

なお、ポインタ変数にほかの変数のアドレスを設定するときは、同じ型のポインタ変数に対して行いましょう。

例えば、「int a」であれば「int *p」、「double d」であれば「double *pd」といったように、対応する型をあわせるようにします。型が違っても、コンパイルエラーにはなりませんが、実行時に致命的なエラーになる可能性があるためです。

● 変数のアドレスを入れるポインタと、変数の型は一致させる

変数	OK	NG
int a	int* p	char *p
double d	double* p	int *p

注意

ポインタ変数にアドレスを入れるには同一の変数の型のものを入れます。

● 関数の引数としてのポインタ変数

前述のように、ポインタ変数はほかの変数になりきれるという非常に面白い特徴があります。これを利用して、以下のような処理を行うことができます。

Sample214/main.cpp
```
01 #include <iostream>
02
03 using namespace std;
04
05 // 変数の値入れ替えを行う関数
06 void swap(int*, int*);
07
08 int main(int argc, char** argv) {
09     int a = 1, b = 2;
10     cout << "a = " << a << " b= " << b << endl;
11     swap(&a, &b);
12     cout << "a = " << a << " b= " << b << endl;
13     return 0;
14 }
```

```
15
16   //   値の入れ替え
17   void swap(int* num1, int* num2) {
18       int temp = *num1;
19       *num1 = *num2;
20       *num2 = temp;
21   }
```

● 実行結果

```
a = 1 b = 2
a = 2 b = 1
```

◉ 値渡しとポインタ渡し

このプログラムは swap 関数の引数にポインタを渡しています。このように、引数にポインタを渡すことを**ポインタ渡し**といいます。これに対し、従来のように引数に値を渡すことを**値渡し（あたいわたし）**といいます。

プログラムを実行すると、最初に int 型変数 a、b がそれぞれ 1、2 という値で初期化されます。その次に、swap 関数で変数 a、b のアドレスを引数として呼び出すと、変数 a、b の値が入れ替わっていることがわかります。

つまり、swap 関数では、アドレスを与えられた 2 つのポインタ変数の値を入れ替えているのです。今までのように値だけを与えるタイプの関数であれば、このような処理はできませんでしたが、**引数にポインタを与えることにより、アドレスを与えた変数の値を変更することができます**。

また通常、変数は 1 つの戻り値しか返すことができませんが、このように引数をポインタ変数として渡すことにより、実質的に複数の戻り値を持つ、もしくは引数を戻り値と同じように扱うことができる関数を作ることが可能なのです。

● swap関数の処理

	*num1	*num2	temp	処理の概要
①	1	2	1	tempに*num1を代入
②	2	2	1	*num1に*num2を代入
③	2	1	1	*num2にtempを代入

swap 関数には main 関数の変数 a、b のアドレスが渡され、それがポインタ変数 num1 および num2 に代入されます。

いったん、変数 temp に *num1（a の値に該当）を代入します（①）。

　次に *num1 に *num2（b の値に該当）を代入します。これにより、a の値が b と
等しくなります（②）。

　次に、*num2 に temp を代入することにより、b に a の値が入ります（③）。これ
により、最終的に a、b の中身が入れ替わるのです。

重要　ポインタ渡しを使うと、呼び出し元の変数の複数の値を変更することが
できます。

2日目

 練習問題

 正解は 301 ページ

 **問題 2-1** ★☆☆

キーボードから整数値を入力させ、その数値が 0 より大きければ「0 より大きい」、0 以下であれば「0 以下」と表示するプログラムを作りなさい。

なお、キーボードからの入力には cin、文字の表示には cout を使うこと。

- **期待される実行結果①（正の整数が入力された場合）**

整数を入力:5　　◀━━ キーボードから整数値を入力
0より大きい

- **期待される実行結果②（0以下の整数が入力された場合）**

整数を入力:-2　　◀━━ キーボードから整数値を入力
0以下

 問題 2-2 ★☆☆

キーボードから文字列と数値を入力させ、最初に入力した文字列を、入力した数値の回数だけ表示するプログラムを作りなさい。

なお、キーボードからの入力には cin、文字の表示には cout を使うこと。

- **期待される実行結果**

文字列を入力:HelloC++　　◀━━ キーボードから文字列を入力
表示回数:2　　　　　　　◀━━ キーボードから回数を入力
HelloC++
HelloC++

3日目

クラスと
オブジェクト

3日目

1 C++とオブジェクト指向

- オブジェクト指向の概念について学習する
- クラスとオブジェクトの概念について理解する
- C++ によるオブジェクト指向の記述方法について学習する

1-1 オブジェクト指向

- オブジェクト指向について理解する
- クラスとオブジェクトの概念を理解する

オブジェクト指向とは何か

　2 日目までは、C/C++ の細かい文法について説明してきましたが、ここからがいよいよ本番です。本書の冒頭でも説明したとおり、C++ はオブジェクト指向言語なので、本格的にオブジェクト指向のプログラミングを学習することにしましょう。手始めにオブジェクト指向の概念について説明します。

◉ オブジェクト指向の考え方

　オブジェクト指向の「**オブジェクト（object）**」とは、**英語で「もの」や「物体」などを表す言葉で、データを現実世界のものに置き換える考え方です。**

　例えば、自動車を運転するとき、自動車内部の仕組みを理解する必要はありません。ただ運転方法だけを知っていれば、自動車を使うことができます。つまり、「自動車」というオブジェクトは、動作させる仕組みがすでに内部に組み込まれており、それを利用するためには、仕組みを知る必要は一切なく、「アクセルを踏む」「ハンドルを切る」といった適切な操作をすればよいことになります。

オブジェクトには、操作にあたる**メンバ関数**と呼ばれるものと、値（データ）にあたる**メンバ変数**があります。自動車の例でいえば、「走行する」「停止する」などがメンバ関数で、「スピード」「走行距離」がメンバ変数といったところでしょう。なお、メンバ関数とメンバ変数を総称して**メンバ（member）**といいます。

• **オブジェクト指向の考え方**

• **自動車オブジェクトのメンバ**

メンバ関数	メンバ変数
走行する	スピード
停止する	走行距離
曲がる	排気量

◎ クラスとオブジェクト

続いて、**クラス（class）**という概念について説明します。自動車を例に説明すると、世の中にはたくさんの自動車が存在します。ただ、こういった自動車も、もとは1つの設計図をもとに、大量生産されています。

この設計図にあたるものを**クラス（class）**といいます。クラスから作られたものがオブジェクトで、これを**インスタンス（instance）**と呼びます。

つまり、**クラスがなければ、オブジェクトも作れません。**以上が、基本的なオブジェクト指向の考え方です。オブジェクト指向には、このほかにさまざまな概念がありますが、少しずつ紹介していきます。

● クラスとインスタンス

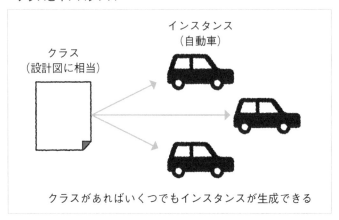

クラスがあればいくつでもインスタンスが生成できる

重要
クラスはオブジェクトの設計図であり、クラスをもとに作られたオブジェクトをインスタンスと呼びます。

簡単なオブジェクト指向のサンプルプログラム

それでは、以上を踏まえて C++ で簡単なオブジェクト指向のプログラムを入力・実行してみましょう。

まずは、ソースコードを紹介します。プロジェクトに複数のファイルを作成しますので、Visual Studio 2019 での入力の方法も含めて説明します。

Sample301/car.h
```
01 #ifndef _CAR_H_
02 #define _CAR_H_
03
04 class Car {
05 public:
06     // スピード
07     double speed;
08     // 走行する
09     void drive(double hour);
10 };
11
12 #endif // _CAR_H_
```

Sample301/car.cpp
```
01 #include "car.h"
02 #include <iostream>
03
04 using namespace std;
05
06 // 走行する
07 void Car::drive(double hour) {
08     cout << "時速" << speed << "kmで" << hour << "時間走行" << endl;
09     cout << speed * hour << "km移動しました。" << endl;
10 }
```

Sample301/main.cpp
```
01 #include <iostream>
02 #include "car.h"
03
04 using namespace std;
05
06 int main(int argc, char** argv) {
07     // インスタンスの生成
08     Car car;
09     // スピードの設定
10     car.speed = 40;
11     // 走行する
12     car.drive(1.5);
13     return 0;
14 }
```

• 実行結果
時速40kmで1.5時間走行
60km移動しました。

　このサンプルは、car.h、car.cpp、main.cpp という 3 つのファイルから成り立ちます。car.cpp は main.cpp と同様の方法で、新規作成し入力することが可能です。これに対し、car.h のようなヘッダーファイルを入力する場合は、次のような手順で行います。

◉ ヘッダーファイルの追加

　プロジェクトを作成したら、Visual Studio 2019のソリューションエクスプローラーの［ヘッダーファイル］を右クリックし、［追加］→［新しい項目］を選択します。

● ヘッダーファイルの追加①

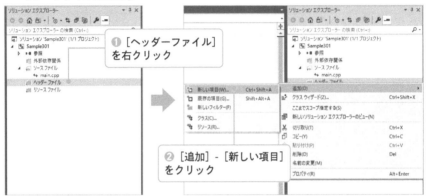

　すると「新しい項目の追加」ダイアログが現れるので、ヘッダーファイルを選択し「名前」の欄に「car.h」と入力します。

● ヘッダーファイルの追加②

　すると、ソリューションエクスプローラーの［ヘッダーファイル］の中に「car.h」が追加されます。

◉ クラスの宣言

プログラムの中身を見ていくことにしましょう。

まずは、car.h の 4 ～ 10 行目で行っている**クラスの宣言**について説明します。これは「○○というクラスを作ります」ということをコンパイラに対して宣言するもので、ヘッダーファイル内で行います。クラスの宣言では、クラスの名前、メンバ関数、メンバ変数を宣言します。

用語

メンバ関数
クラス内に定義する関数。

メンバ変数
クラス内に定義する変数。

メンバ
メンバ変数とメンバ関数の総称。

C++ におけるクラスの宣言は以下のようになります。

● クラスの宣言

```
class クラス名 {
アクセス指定子:
     メンバ変数の宣言①;
     メンバ変数の宣言②;
     …
     メンバ関数の宣言①;
     メンバ関数の宣言②;
     …
};
```

このサンプルでは、クラス名は Car となっています。通常、**クラス名は大文字からはじまり、ほかの部分は小文字にすることが好ましい**とされています。

また、メンバ変数とメンバ関数の宣言は必須ではありません。メンバ変数とメンバ関数の宣言場所および順序に関するルールは特にありませんが、プログラムがわかりにくくなるため、メンバ変数とメンバ関数はそれぞれひとまとめにしておくとよいでしょう。

なお、**クラスの宣言の最後の「}」のあとには、必ず「;」が必要**となりますので、忘れないようにしましょう。

注意

クラス宣言の最後には必ずセミコロン（;）が必要です。

◉ アクセス指定子

car.h の 5 行目で出てくる public というキーワードは、**アクセス指定子（あくせす
していし）**といいます。これはメンバをどの範囲まで公開するかということを示すた
めの修飾子で、状況によって使い方を変えます。詳細についてはあとで説明しますが、
メンバ変数やメンバ関数が複数ある場合、指定する必要があります。

◉ メンバ変数の宣言

では、実際にここからはメンバを見てみましょう。まずはメンバ変数の宣言から説
明します。car.h では以下のメンバ変数が宣言されています。

- メンバ変数の宣言

型	変数名	概要
double	speed	自動車のスピード

◉ メンバ関数の宣言

car.h では、以下のメンバ関数が宣言されています。

- メンバ関数の宣言

戻り値の型	関数名	引数	概要
void	drive	double hour	自動車が走行する

void とは「戻り値がない」ことを意味するもので、return で戻り値を返す必要が
ない関数は、戻り値の型にこれを指定します。

メンバ関数は、Car クラスのオブジェクトの動作を記述するための関数です。ここ
ではあくまでも「このクラスにはこのようなメンバ関数が用意されています」という
ことを宣言するだけです。

実際の関数のふるまいは、car.cpp に関数の定義が記述されています。

◉ メンバ関数の定義

car.h の中では、メンバ変数とメンバ関数の宣言を行っていますが、メンバ関数は定義を行わなくては使えません。それを行っているのが、car.cpp です。

メンバ関数の定義の記述方法は、通常の関数とそれほど変わりません。ただ、関数名だけでは何というクラスのメンバ関数なのかがわからないので、<u>関数名の頭にクラス名を付け :: を挟みます</u>。Car::drive なら、Car クラスの drive 関数ということになります。そのほかのメンバ関数についても同様です。

• Carクラスのメンバ関数の宣言と、実装の組み合わせ

宣言	実装	処理内容
void drive();	void Car::drive()	「走行する」という文字列を表示する

◉ インスタンスの生成

プログラムを実行すると、main.cpp の main 関数の処理からはじまります。まず、8 行目で Car クラスのインスタンスを生成し、変数 car に代入します。

• オブジェクトの生成

Car car;

• オブジェクトの生成

クラスのインスタンスを生成することを<u>**インスタンス化**</u>、もしくは<u>**インスタンスの生成**</u>といいます。

なお、「インスタンス」という言葉には「実体」という意味があり、「インスタンス化」は「クラスを実体化する」という意味があります。

クラスは、<u>**インスタンス化することによって初めて利用できるようになります**</u>。ただ、これに関しては一部例外がありますので、それについてはのちほど詳しく説明します。

注意 クラスを利用するには原則的にインスタンスを生成する必要があります。

◎ メンバへのアクセス

メンバ変数やメンバ関数を使うとき（アクセスするとき）、**ドット演算子（.）** を使います。

このサンプルで変数 car は、Car クラスのインスタンスなので、メンバ変数への値を代入するときには以下のように記述します。

● メンバ変数への値の代入

```
//　スピードの設定
car.speed = 40;
```

● メンバ変数への値の代入

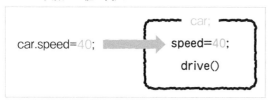

同様に、メンバ関数を呼び出す場合にも「car.」のあとに関数名を記述して呼び出します。

● メンバ関数を呼び出す

```
//　走行する
car.drive(1.5);
```

● メンバ関数を呼び出す

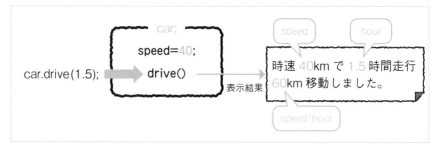

この処理によりメンバ関数が呼び出され、「時速40kmで1.5時間走行」「60km 移動しました。」と表示されます。これは、引数として与えられた、時間を表す double 型のメンバ変数 hour、speed をそれぞれ表示したあとに、これらを掛けて移動距離を求めたものです。

重要 メンバを呼び出すには、変数名 . メンバ名という形になります。

◉ メンバ関数内からのメンバ変数の呼び出し方
以上を踏まえて、改めて car.cpp 内のこの部分のソースコードを見てみましょう。

• メンバ関数のdriveを定義
```
void Car::drive(double hour) {
    cout << "時速" << speed << "kmで" << hour << "時間走行" << endl;
    cout << speed * hour << "km移動しました。" << endl;
}
```

クラス外（main.cpp）から、Car クラスのメンバ変数 speed へアクセスするときは、「car.speed」のように「変数名 .speed」の形式で記述していました。

しかし、drive 関数の中では単に「speed」となっています。このように**クラス内では、メンバ変数はそのままの名前で使うことができるのです**。

重要 クラス内であれば、メンバ変数およびメンバ関数にはそのままの名前でアクセスできます。

● ファイルの依存関係

Sample301 は複数のファイルからなります。そのファイルの依存関係を見ていきましょう。すでに説明したとおり、通常、クラス宣言は、ヘッダーファイルの中で行います。

そのため、ここでは car.h の中でクラスの定義がなされています。このヘッダーファイルは、実装を行う car.cpp と、このクラスを利用する main.cpp で参照されます。

- ファイルの依存関係

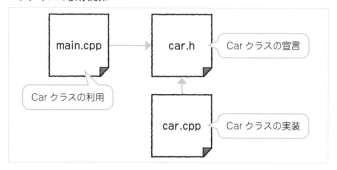

◉ 2重インクルードの防止

C/C++ のファイル分割において最も重要なポイントが、ヘッダーファイルの**2重インクルードの防止**です。

car.h は、car.cpp と main.cpp から読み込まれますが、2重インクルードの防止をしないと**クラスが2重に定義されてしまいエラーが発生してしまいます。**

そのため、ヘッダーファイルでは以下のような記述を行って2重インクルードの防止を行います。

- 基本的なヘッダーファイルの書式

```
#ifndef _(大文字で記述したファイル名)_H_
#define _(大文字で記述したファイル名)_H_

プロトタイプ宣言;
プロトタイプ宣言;
    :


#endif //  _(大文字で記述したファイル名)_H_
```

まず、**#ifndef**、**#endif** は、C/C++ そのものの文法とは無関係です。実はこれらは**コンパイラに指令を与える役割**があり、一般に**マクロ（macro）**と呼ばれるものです。この2つに挟まれた領域は #define によって指定されたキーワードが定義されていなければ読み込まれません。

car.h の1行目で #ifndef の処理を実行し、「_CAR_H_」というキーワードが定義されているかどうかを確認しています。car.h の場合、ファイル名から「_CAR_H_」と

いうキーワード名にしています。マクロで使用するキーワードは、大文字にするのが通例です。

- 「_CAR_H_」というキーワードの確認

#ifndef _CAR_H_

この処理は最後に「#endif」が記述されるまでが有効範囲となります。つまり、「_CAR_H_」というキーワードが定義されていなければ、コンパイラによって「#ifndef _CAR_H_ ～ #endif」の間の処理が読み出されます。

そのため、1回目の #include では、この間に挟まれている「#define _CAR_H_」が実行され、「_CAR_H_」というキーワードが定義されます。

- 2重インクルード防止の処理のイメージ

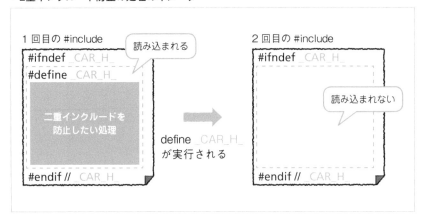

2回目以降に、別のファイルが再度 car.h を読み込もうとすると、「#ifndef _CAR_H_ ～ #endif」の中の処理が実行されないのです。

このため、2回目以降のインクルードで再びクラスの宣言が行われることはありません。

なお、Visual Studio 2019 で使用される C++ コンパイラなど最新のコンパイラではヘッダーファイルの冒頭に「#pragma once」と記述するだけで同様の処理ができます。

例題 3-1 ★ ☆ ☆

以下の仕様の2次元ベクトルを表すVector2Dクラスを作り、x成分、y成分を入力し、そのベクトルの値と長さが表示されるプログラムを作りなさい。なお、すべてのメンバのアクセス指定子はいずれもpublicであるものとする。

● メンバ変数

型	変数名	概要
double	x	2次元ベクトルのx成分
double	y	2次元ベクトルのy成分

● メンバ関数

戻り値の型	関数名	引数	概要
double	length	なし	ベクトルの長さを戻り値として戻す

プログラムの仕様は以下のとおりである。

プログラムを実行すると「ベクトルのx成分:」と表示され、入力待ち状態になり、キーボードから実数の値を入力し、Enter キーを押すとそれがベクトルのx成分となる。

次は「ベクトルのy成分:」と表示されるので、同様の処理をするとy成分の値が入力できる。これをもとに、以下の事例に示したようにベクトルの成分と長さが表示される。

● 期待される実行結果

```
ベクトルのx成分:1.0
ベクトルのy成分:2.0
v=(1,2)
vの長さ:2.23607
```

ベクトルの x 成分を入力して Enter キーを押す
ベクトルの x 成分を入力して Enter キーを押す

 解答例と解説

問題を解くにあたり、まずはベクトルの概念について軽く説明しておきましょう。

ベクトルとは大きさと向きを持つ量のことです。これに対し、私たちが通常扱っている向きのない量だけの表現のことをスカラーといいます。

この中で特に2次元ベクトルはx座標方向の成分と、y座標方向の成分の組み合わせで表現されます。例えば、x座標方向の成分がa、y座標方向の成分がbである場合、

(a,b) と表記されます。

このとき、このベクトルの長さは、a の 2 乗と、b の 2 乗の和の平方根で表現されます。

● 2次元ベクトルのイメージ

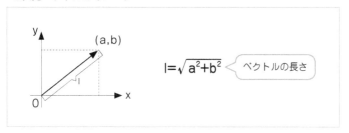

以上を踏まえて、まずはクラスの宣言を行うヘッダーファイルから見てみましょう。ヘッダーファイルは以下のように定義します。

Example301/vector2D.h
```
01 #ifndef _VECTOR2D_H_
02 #define _VECTOR2D_H_
03
04 class Vector2D {
05 public:
06     //  2次元ベクトルのx,y成分
07     double x;
08     double y;
09     //  ベクトルの長さを求めるメンバ関数
10     double length();
11 };
12
13 #endif //  _VECTOR2D_H_
```

クラス名が「Vector2D」なので、「class Vector2D」からはじめます。すべてのメンバのアクセス指定子は public なので、最初に「public:」と記述すると、すべてのメンバ変数、メンバ関数が public になります。

最初に double 型のメンバ変数 x、y を宣言し、最後に length 関数を宣言します。

順番はどのようになっても構いませんが、メンバ変数同士、メンバ関数同士はまとめて定義したほうが見栄えもよく、間違いも起こりにくくなります。

107

また、2 重インクルードの防止の処理も冒頭と末尾に追加するのも忘れないように
します。

続いて、vector2D.cpp を以下のようにします。

Example301/vector2D.cpp
```
01 #include "vector2D.h"
02 #include <math.h>
03
04 double Vector2D::length() {
05     double length;
06     length = sqrt(x * x + y * y);
07     return length;
08 }
```

Vector2D.h で、length 関数を宣言したので、このファイルの中でその関数を定義
します。この中で、変数 x、y から、このベクトルの長さを求めます。

ベクトルの長さは各成分の 2 乗の和の平方根をとったものになり、その計算を行っ
ているのが 6 行目です。変数 x、y の 2 乗は、x*x、y*y で求められ、その和の平方根
を sqrt 関数で計算しています。ここで平方根を求めるのに使われている sqrt 関数は
C 言語の関数で、以下のような仕様になっています。

・ sqrt関数の仕様

関数	書式	意味	使用例
sqrt	sqrt(double d);	与えらられた実数の平方根を求める	double d = sqrt(25.0);

この関数を使うには、math.h のインクルードが必要となるため、2 行目にインク
ルード処理を記述します。

・ math.hのインクルード

```
#include <math.h>
```

最後に、プログラムのメインとなる処理を main.cpp に記述します。

Example301/main.cpp
```
01 #include <iostream>
02 #include "vector2D.h"
03
04 using namespace std;
```

```
05
06  int main(int argc, char** args) {
07      //  2次元ベクトルの宣言
08      Vector2D v;
09      //  ベクトルのx成分、y成分の値を入力
10      cout << "v.x=";
11      cin >> v.x;
12      cout << "v.y=";
13      cin >> v.y;
14      cout << "v=(" << v.x << "," << v.y << ")" << endl;
15      cout << "vの長さ:" << v.length() << endl;
16      return 0;
17  }
```

標準入出力である cin および cout を使うので、最初に iostream をインクルードし、次に Vector2D クラスを利用するために、vector2D.h をインクルードします。

標準入出力を使うために「using namespace std;」とします。

8 行目で Vector2D 型の変数 v を宣言しています。

● Vector2D型の変数v

```
Vector2D v;
```

これにより、Vector2D クラスの変数 x、y へは「v.x」「v.y」とすることで、アクセスすることが可能になります。10 ～ 13 行目で、これらにキーボードから入力した値（実数値）を代入しています。

最後に、14、15 行目でベクトルの成分およびその長さを表示します。長さの表示には、length 関数を利用しています。

● length関数の呼び出し

```
cout << "vの長さ:" << v.length() << endl;
```

これにより、x の 2 乗と y の 2 乗の平方根、つまりベクトルの長さが得られ、表示されます。

1-2 複数のインスタンス

POINT

- 1つのクラスから複数のインスタンスを生成する
- インスタンスが違うとふるまいも違うことを確認する

Sample301 だけを見る限りでは、「C 言語と違い、随分と面倒くさいことをするものだな」と思うかもしれません。C 言語であれば、変数と関数を定義し呼び出すことによって、このような処理は簡単に処理できますし、コードももっと短くなるでしょう。

しかし、このようなプログラムのメリットは、**インスタンスを複数作ることができることにあるのです**。次は 1 つのクラスから複数のインスタンスを生成するケースを見てみることにしましょう。

複数のインスタンスを生成するケース

まずは、Sample302 プロジェクトを作成してください。Sample302 プロジェクトを作成したら、car.h、car.cpp を新規作成し、プログラムは Sample301 で作成した car.h、car.cpp からコピーしてください。

main.cpp のみ、新たに次のプログラムを入力しましょう。

Sample302/main.cpp

```
01  #include <iostream>
02  #include "car.h"
03
04  using namespace std;
05
06  int main(int argc, char** argv) {
07      //  インスタンスの生成
08      Car car1, car2;
09      //  スピードの設定
10      car1.speed = 40;
11      car2.speed = 50;
12      //  走行する
13      cout << "car1のケース" << endl;
14      car1.drive(1.5);
```

```
15    cout << "car2のケース" << endl;
16    car2.drive(1.0);
17    return 0;
18 }
```

● 実行結果

```
car1のケース
時速40kmで1.5時間走行
60km移動しました。
car2のケース
時速50kmで1時間走行
50km移動しました。
```

⦿ インスタンスの違い

このプログラムでは、8行目で Car クラスのインスタンス car1、car2 を生成しています。

● 複数のインスタンスの生成

```
Car car1, car2;
```

● 複数のインスタンスの生成のイメージ

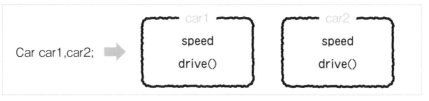

実行結果からわかるとおり、同じメンバ変数に値を入れ、メンバ関数にアクセスしていますが、それぞれの実行結果は異なります。

これは、**同じ名前のメンバ変数、メンバ関数であっても、インスタンスが異なれば別物であることを意味します**。例えば「car1.speed=40;」とすれば、変数 car1 のメンバ変数 speed が 40 になりますが、変数 car2 のメンバ変数 speed には何も変化は起こりません。逆についても同様です。

• インスタンスが異なると同じ名前のメンバ変数でも異なるものとして扱う

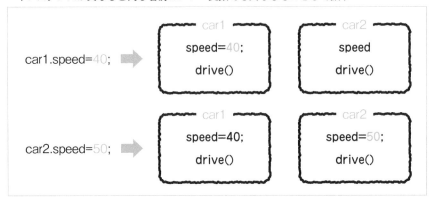

同様に、「car1.drive(1.5);」を実行しても、利用されるメンバ変数 speed の値は、car1.speed であり、変数 car2 には影響を与えません。

このように、**同じクラスからできた異なるインスタンスは、同じ名前のメンバ変数やメンバ関数であっても、それぞれのインスタンスごとに処理を実行したり、値を記憶できます。**

• インスタンスが異なると同じ名前のメンバ関数でも実行結果は異なる

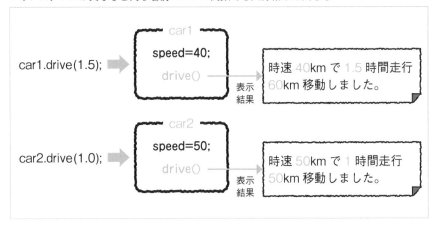

アクセス指定子とカプセル化

- ▶ アクセス指定子の種類とその意味について学習する
- ▶ カプセル化の概念を理解する

2-1 アクセス指定子

- ・ 3 つのアクセス指定子の違いを理解する
- ・ public と private の違いを理解する

アクセス指定子とその種類

ここまで C++ におけるクラスの定義方法について学習しました。メンバ変数やメンバ関数の宣言部分に、public というアクセス指定子を使いましたが、その意味の説明は省略しました。

アクセス指定子はメンバ変数やメンバ関数にアクセスできる範囲を指定することができます。 なお、アクセス指定子には以下のようなものがあります。

・ アクセス指定子の種類

アクセス指定子	意味
public	すべての範囲からアクセス可能
private	同一クラスまたは同一インスタンス内でのみアクセス可能
protected	同一クラスまたは同一インスタンス内もしくは、サブクラスおよびそのインスタンス内でのみアクセス可能

protected に関しては、継承という概念を学習する際に説明します。ここでは、public と private の違いを実際のサンプルを通して学習しましょう。

アクセス指定子の有効範囲

では、改めてアクセス指定子の働きを見てみましょう。次のサンプルを入力・実行してください。

Sample303/sample.h

```
01 #ifndef _SAMPLE_H_
02 #define _SAMPLE_H_
03
04 class Sample {
05 public:
06     int a;        //  publicなメンバ変数
07 private:
08     int b;        //  privateなメンバ変数
09 public:
10     void func1();      //  publicなメンバ関数
11 private:
12     void func2();      //  privateなメンバ関数
13 };
14
15 #endif //   _SAMPLE_H_
```

Sample303/sample.cpp

```
01 #include "sample.h"
02 #include <iostream>
03
04 using namespace std;
05
06 void Sample::func1() {
07     cout << "func1" << endl;
08     a = 1;
09     b = 1;
10     func2();     //  func1内から、func2を呼び出す
11 }
12
13 void Sample::func2() {
14     a = 2;
15     b = 2;
16     cout << "a=" << a << "," << "b=" << b << endl;
17 }
```

Sample303/main.cpp

```
01 #include "sample.h"
02 #include <iostream>
03
04 using namespace std;
05
06 int main(int argc, char** argv) {
07     Sample s;
08     s.a = 1;
09     //s.b = 2;
10     s.func1();
11     //s.func2();
12     return 0;
13 }
```

● 実行結果

```
func1
a=2,b=2
```

main.cpp を見てもわかるとおり、public なメンバ変数の a、public なメンバ関数の func1 は、クラスの外部である main.cpp からアクセスすることが可能です。

しかし、main.cpp の 9、11 行目の「//」を消してみてください。ビルドエラーが出るはずです。

● 9行目のコメントを外した場合のエラー

コード	説明
E0265	メンバー "Sample::b" (宣言された 行 8、ファイル名 "C:¥Users¥shift¥source¥repos¥Sample303¥Sample303¥sample.h") にアクセスできません
C2248	'Sample::b': private メンバ (クラス 'Sample' で宣言されている) にアクセスできません。

● 11行目のコメントを外した場合のエラー

コード	説明
E0265	関数 "Sample::func2" (宣言された 行 12、ファイル名 "C:¥Users¥shift¥source¥repos¥Sample303¥Sample303¥sample.h") にアクセスできません
C2248	'Sample::func2': private メンバ (クラス 'Sample' で宣言されている) にアクセスできません。

どちらにも共通しているのが、「private メンバ (クラス 'Sample' で宣言されている) にアクセスできません。」というメッセージです。

つまり、「private:」の付いている部分で宣言されたメンバ変数とメンバ関数は、外部からはアクセスできないのです。

- アクセス指定子とメンバへのアクセスの制約

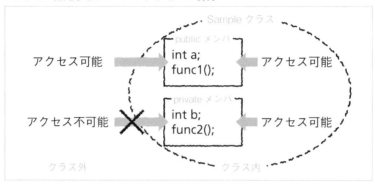

◎ プログラムの処理の流れ

では、続けてこのプログラムの処理の流れを説明しましょう。プログラムを実行すると、main.cpp の 7 行目で、Sample クラスのインスタンスが生成されます。

- インスタンスの生成
```
Sample s;
```

割り当てられた変数名は s であり、main 関数から変数 s のメンバにアクセスするには「s. メンバ名」となります。

続けて main.cpp の 8 行目で、変数 s のメンバ変数 a に 1 の値を代入します。int 型のメンバ変数 a は public であり、クラス外からのアクセスが可能です。

- メンバ変数への値の代入
```
s.a = 1;
```

最後に 10 行目で、func1 関数を呼び出します。

- func1関数の呼び出
```
s.func1();
```

func1 関数の中では、「func1」と表示したあとにメンバ変数 a、b に 1 を代入し、func2 関数を呼び出しています。同一クラスのメンバ関数内からほかのメンバ関数を

呼び出す場合は、外部から呼び出す場合と違い、関数名だけで呼び出せます。

　また、すでに説明したとおり func2 関数は private なメンバ関数なので外部からは呼び出せませんが、**func1 関数もまた Sample クラスのメンバ関数なので、この中から func2 関数の呼び出しも可能です。**

● func1関数内の処理

```
cout << "func1" << endl;
a = 1;
b = 1;
func2();
```

　func2 関数では、メンバ変数 a、b に 2 を代入し、代入された値を表示します。

● func2関数内の処理

```
a = 2;
b = 2;
cout << "a=" << a << "," << "b=" << b << endl;
```

● 処理の流れ

① main.cpp から func1 を呼び出す

```
s.func1();  ─→  void Sample::func1() {
                    cout << "func1" << endl;
                    a = 1;
                    b = 1;
                    func2();        // func1 内から、func2 を呼び出す
                }
            →  void Sample::func2() {
                    a = 2;
                    b = 2;
                    cout << "a=" << a << "," << "b=" << b << endl;
                }
```

② Sample クラス内から func2 関数を呼び出す

 カプセル化

POINT

- カプセル化の概念と必要性を理解する
- アクセス関数の必要性を理解する
- メンバ変数にセッターとゲッターを実装する

カプセル化とアクセス関数

C++ に限らず、オブジェクト指向言語ではメンバ変数へのアクセスを、そのクラスのメンバ関数からしかできないように制限するのが一般的です。

C++ では private 指定子を利用してこれを実現します。しかし、それでは外から private なメンバ変数へアクセスすることができません。そこで、private なメンバ変数の値を設定したり、取得したりするメンバ関数が必要になってきます。それを**アクセス関数**などと呼びます。

また、このような一連の処理のことを**カプセル化**といいます。

ここまではメンバ変数を public にして直接アクセスしてきましたが、C++ では private で外部からアクセスできないようにしたあとに、必要なものに限ってアクセス関数を追加することが推奨されます。

 原則的に C++ では、メンバ変数をカプセル化することが推奨されています。

重要

カプセル化が必要な理由

しかし、なぜカプセル化が必要なのでしょうか？　それにはキチンとした理由があります。

オブジェクトを利用する人は、その操作の仕様だけを知っていればよいのであって、オブジェクト内の操作の実装やデータの内容を知る必要がありません。もし、自由に値を変更できる状態になっていると、意図せぬ値が代入されたときに不具合を起こし

てしまいます。そうならないためにも、**必要最低限の操作**だけを公開しておくのです。そしてもう１つの理由は、メンバ変数の更新や取得するための関連する処理をひとまとめにできるので、**あとから見た人が理解しやすく、変更の影響も局所化できる**ことです。

　C++ は C 言語とは違い大規模開発に向いているということはすでに説明しましたが、その理由の１つがここにあります。プログラムの機能がクラスごとに分割されるため、プログラマー各自の役割が明確化され、作業の役割分担がしやすくなるのです。

● カプセル化の例

では実際にカプセル化について以下のソースコードで、説明していきます。

Sample304/sample.h
```
01  class Sample {
02  public:
03      void setNum(int num);   // private指定されたメンバ変数に書き込む
04      int getNum();           // private指定されたメンバ変数を読み取る
05  private:
06      int m_num;
07  };
```

Sample304/sample.cpp
```
01  #include "sample.h"
02
03  void Sample::setNum(int num) {
04      m_num = num;
05  }
06
07  int Sample::getNum() {
08      return m_num;
09  }
```

Sample304/main.cpp
```
01  #include <iostream>
02  #include "sample.h"
03
04  using namespace std;
05
06  int main(int argc, char** argv) {
```

```
07    Sample s;
08    s.setNum(5);
09    cout << s.getNum() << endl;
10    return 0;
11 }
```

● 実行結果

5

◉ セッターとゲッター

　クラスで、private 指定されたメンバ変数 m_num に、値を書き込むときには setNum 関数、読み取るときには getNum 関数を使っています。

　これで読み書きともに行いますが、片方だけにしてしまえば、「読み取り専用」あるいは「書き込み専用」といった特殊なメンバ変数も作成できます。これもアクセス指定子を使うことで可能になる大きな特徴の1つです。

　一般に、メンバ変数に書き込みを行うメンバ関数は**セッター（setter）**、読み込みを行うメンバ関数を、**ゲッター（getter）**といいます。また、**それぞれの名前は、書き込み・読み込みを行う変数名に由来しています。**

● セッターとゲッター

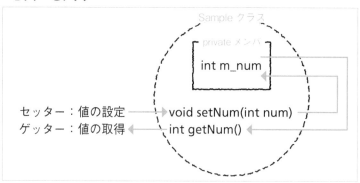

◉ メンバ変数をほかの変数と区別する

　今回のサンプルで、メンバ変数は「m_num」となっています。このように、メンバ変数の頭に「m_」という接頭辞を付けることにより、この変数がメンバ変数になることを示しています。この方法は最近はあまり使われなくなりましたが、わかりや

すいので本書でカプセル化を行う際にこの記法を利用することにします。

なお、セッターとゲッターの命名の方法は、メンバ変数の名前に由来するようにする必要があります。このプログラムの場合、メンバ変数が「m_num」なので、セッターは setNum、ゲッターは getNum とします。さらに setNum 関数の引数名は num とします。

> **注意** セッターおよびゲッターの名前は、メンバ変数の名前がわかるようにする必要があります。

また、セッターには、値を設定する引数が必要ですが、メンバ変数から冒頭の「m_」を取り除いた名前の変数にすると、わかりやすく便利です。例えば、m_num の場合には、num とするとよいでしょう。

● メンバ変数m_numへのセッターの例

```
void setNum(int num);
```

このように、セッターおよびゲッターを見て、メンバ変数の変数名が容易に想像できるようにすると、プログラムを行うのが大変楽になります。

◉ ハンガリアン記法

前述のとおり、ここまで紹介してきたメンバ変数の冒頭に「m_」を付ける方法は、**ハンガリアン記法（ハンガリアンきほう）** あるいは**ハンガリー記法（ハンガリーきほう）** と呼ばれる記述方法を応用したものです。

現在では少し古い考え方であるとされ、使われることは少なくなりましたが、C++ の入門者がこの考え方を利用すると楽なので、本書ではこの方法を採用しています。

次の表に、ハンガリアン記法に則ったメンバ変数名とセッター・ゲッターの名前の例を紹介します。自分でメンバ変数を作成する際の参考にしてみてください。

● 単純化されたハンガリアン記法とセッター・ゲッターの宣言

メンバ変数名	セッター	ゲッター
int m_score;	void setScore(int score)	int getScore()
double m_value;	void setValue(double value)	double getValue()
bool m_flag;	void setFlag(bool flag)	bool getFlag()
string m_name;	void setName(string name)	string getName()

ハンガリアン記法以外にも C++ には変数の命名規則がありますが、最初はこの単純化されたハンガリアン記法を使っていくことにしましょう。

用語

命名規則（めいめいきそく）

変数名などプログラムのソースコード上で開発者が名付ける識別名についての決まりごとのこと。言語仕様や開発環境などによってさまざまなルールが定められている。

例題 3-2 ★☆☆

　以下の仕様の学生情報を表す Student クラスを作り、学生のメンバ変数を入力し、その学生の情報が表示されるプログラムを作りなさい。

　なお、メンバ変数はカプセル化し、セッター・ゲッターを追加すること。

● メンバ変数

型	変数名	概要	例
string	m_name	学生の名前	"山田太郎"
int	m_grade	学年	2
string	m_cls	クラス	"B"
int	m_age	年齢	17

　さらに、セッター・ゲッター以外に、次のメンバ関数を追加すること。

● メンバ関数

戻り値の型	関数名	引数	概要
void	showInformation	なし	生徒の名前、学年、クラス、年齢を1行で表示する

　プログラムを実行すると「名前：」と表示され、入力待ち状態になり、キーボードから学生の名前を入力して [Enter] キーを押す。同様に、年齢、学年、クラスを入力する。すると、入力した名前、年齢、学年、クラスが表示され、最後に「生徒名：〇年×組△歳」と表示される。

　なお、名前からクラスの表示まではゲッターで値を取得して表示し、最後の「生徒名：〇年×組△歳」という情報は、showInformation 関数を利用して表示すること。

● 期待される実行結果

```
名前：山田太郎          ← 名前を入力し [Enter] キーを押す
年齢：17                ← 年齢を入力し [Enter] キーを押す
学年：2                 ← 学年を入力し [Enter] キーを押す
クラス：B               ← クラスを入力し [Enter] キーを押す
------- 入力情報の確認 -------
名前：山田太郎          ← ゲッターで値を取得し表示する
年齢：17                ← ゲッターで値を取得し表示する
学年：2                 ← ゲッターで値を取得し表示する
```

3日目

クラス：B　　　　　　　←　ゲッターで値を取得し表示する

山田太郎：2年B組17歳　　←　showInformation を利用して表示

解答例と解説

Example302/student.h

```
01 #ifndef _STUDENT_H_
02 #define _STUDENT_H_
03
04 #include <iostream>
05
06 using namespace std;
07
08 class Student {
09 private:
10     //   生徒の名前
11     string m_name;
12     //   年齢
13     int m_age;
14     //   学年
15     int m_grade;
16     //   クラス
17     string m_cls;
18 public:
19     //   名前のセッター
20     void setName(string name);
21     //   名前のゲッター
22     string getName();
23     //   年齢のセッター
24     void setAge(int age);
25     //   年齢のゲッター
26     int getAge();
27     //   学年のセッター
28     void setGrade(int grade);
29     //   学年のゲッター
30     int getGrade();
31     //   クラスのセッター
32     void setCls(string cls);
33     //   クラスのゲッター
34     string getCls();
35     //   学生の情報の表示
36     void showInformation();
```

```
37  };
38
39  #endif  //  _STUDENT_H_
```

「student.h」にはメンバ変数とメンバ関数の宣言を記述します。メンバ変数はカプセル化するために private にし、それぞれ public なセッター・ゲッターを宣言します。

さらに、学生の情報の表示のための showInformation 関数の宣言も追加します。

Example302/student.cpp

```
01  #include "student.h"
02
03  //  名前のセッター
04  void Student::setName(string name) {
05      m_name = name;
06  }
07
08  //  名前のゲッター
09  string Student::getName() {
10      return m_name;
11  }
12
13  //  年齢のセッター
14  void Student::setAge(int age)
15  {
16      m_age = age;
17  }
18
19  //  年齢のゲッター
20  int Student::getAge() {
21      return m_age;
22  }
23
24  //  学年のセッター
25  void Student::setGrade(int grade) {
26      m_grade = grade;
27  }
28
29  //  学年のゲッター
30  int Student::getGrade() {
31      return m_grade;
32  }
33
34  //  クラスのセッター
35  void Student::setCls(string cls) {
```

```
36      m_cls = cls;
37  }
38
39  //   クラスのゲッター
40  string Student::getCls() {
41      return m_cls;
42  }
43
44  //   学生の情報の表示
45  void Student::showInformation() {
46      cout << m_name << ":" << m_grade << "年" << m_cls << "組" <<
    m_age << "歳" << endl;
47  }
```

「student.cpp」にはメンバ変数とメンバ関数の宣言を記述します。

Example302/main.cpp
```
01  #include <iostream>
02  #include "student.h"
03
04  using namespace std;
05
06  int main(int argc, char** argv) {
07      Student s;
08      string name, cls;
09      int age, grade;
10      cout << "名前:";
11      cin >> name;
12      cout << "年齢:";
13      cin >> age;
14      cout << "学年:";
15      cin >> grade;
16      cout << "クラス:";
17      cin >> cls;
18      //   セッターに値を設定
19      s.setName(name);
20      s.setAge(age);
21      s.setGrade(grade);
22      s.setCls(cls);
23      //   入力情報の確認
24      cout << "------- 入力情報の確認 ------- " << endl;
25      cout << "名前:" << s.getName() << endl;
26      cout << "年齢:" << s.getAge() << endl;
```

```
27    cout << "学年:" << s.getGrade() << endl;
28    cout << "クラス:" << s.getCls() << endl;
29    cout << endl;
30    // 情報を表示
31    s.showInformation();
32    return 0;
33  }
```

「main.cpp」は大きく分けて以下の4つの処理に分かれています。

① Studentクラスのインスタンスを生成（7行目）
② キーボードから学生の情報を入力（10 ～ 17行目）
③ 入力した値を設定（19 ～ 22行目）
④ 情報の表示（24 ～ 31行目）

①では、「Student s;」とすることにより、インスタンスを生成します。メンバへのアクセスは「s.○○」となります。

②では、cin、coutを使って名前からクラスまでの値をキーボードから入力させ、それぞれ該当する変数に代入します。

③では、②で入力した値をセッターを使って設定しています。例えば、名前の設定であればsetName関数を利用します。

④では、ゲッターで取得した値をcoutで表示し、最後にshowInformation関数を呼び出して情報を表示しています。

例題 3-3 ★☆☆

例題3-2のプログラムを、2人の生徒を登録できるように変更しなさい。Studentクラスはそのまま利用し、以下の実行結果のように2人の学生の情報を登録したあと、その結果を表示できるように変更しなさい。

期待される実行結果
```
--- 生徒1の情報を入力 ---
名前：山田太郎        ◀── 名前を入力しEnterキーを押す
年齢：17              ◀── 年齢を入力しEnterキーを押す
学年：2               ◀── 学年を入力しEnterキーを押す
```

クラス:B	← クラスを入力し Enter キーを押す
--- 生徒2の情報を入力 ---	
名前:佐藤花子	← 名前を入力し Enter キーを押す
年齢:16	← 年齢を入力し Enter キーを押す
学年:1	← 学年を入力し Enter キーを押す
クラス:A	← クラスを入力し Enter キーを押す
--- 生徒1の情報の確認 ---	
名前:山田太郎	← ゲッターで値を取得し表示する
年齢:17	← ゲッターで値を取得し表示する
学年:2	← ゲッターで値を取得し表示する
クラス:B	← ゲッターで値を取得し表示する
--- 生徒2の情報の確認 ---	
名前:佐藤花子	← ゲッターで値を取得し表示する
年齢:16	← ゲッターで値を取得し表示する
学年:1	← ゲッターで値を取得し表示する
クラス:A	← ゲッターで値を取得し表示する
山田太郎:2年B組17歳	← showInformation を利用して表示
佐藤花子:1年A組16歳	← showInformation を利用して表示

解答例と解説

student.h および student.cpp はそのまま流用するので、ここでは省略します。

Example303/main.cpp

```
01  #include <iostream>
02  #include "student.h"
03
04  using namespace std;
05
06  int main(int argc, char** argv) {
07      //  生徒の情報の配列
08      Student s[2];
09      //  情報の入力
10      for (int i = 0; i < 2; i++) {
11          cout << "--- 生徒" << (i + 1) << "の情報を入力 ---"
12              << endl;
13          string name, cls;
14          int age, grade;
15          cout << "名前:";
16          cin >> name;
17          cout << "年齢:";
```

```
18      cin >> age;
19      cout << "学年:";
20      cin >> grade;
21      cout << "クラス:";
22      cin >> cls;
23      //  セッターに値を設定
24      s[i].setName(name);
25      s[i].setAge(age);
26      s[i].setGrade(grade);
27      s[i].setCls(cls);
28    }
29    //  生徒の情報の確認
30    for (int i = 0; i < 2; i++) {
31      //  入力情報の確認
32      cout << "--- 生徒" << (i + 1) << "の情報の確認 ---"
33        << endl;
34      cout << "名前:" << s[i].getName() << endl;
35      cout << "年齢:" << s[i].getAge() << endl;
36      cout << "学年:" << s[i].getGrade() << endl;
37      cout << "クラス:" << s[i].getCls() << endl;
38      cout << endl;
39    }
40    //  情報を表示
41    for (int i = 0; i < 2; i++) {
42      s[i].showInformation();
43    }
44    return 0;
45  }
```

例題 3-2 とは違い、Student クラスのインスタンスを配列変数 s に記憶させます（8
行目）。

* Studentクラスの配列の宣言
```
Student s[2];
```

これにより、s[0]、s[1] という 2 つの Student クラスのインスタンスが生成されます。
入力・表示を for 文で繰り返します。for 文で変数 i を 0、1 と変化させれば、s[i]
は s[0]、s[1] となるので、2 つのインスタンスに同じ処理を行えます。
実行結果より、s[0] と s[1] は同じ Student クラスのインスタンスですが、異なるイ
ンスタンスであるため、メンバ変数の値は違うものを設定できることがわかります。

3) 練習問題

正解は 303 ページ

問題 3-1 ★★☆

　次のソースコードは、商品 (Product) クラスに、商品名（name）価格（price）、税率（tax_rate）を設定し、それぞれの商品の商品情報（商品名、価格、税込価格）を表示しているプログラムである。Product クラスのメンバ変数はカプセル化されておらず、public でどこからでもアクセスできるようになっている。そこで、これらを private にして隠蔽し、セッターとゲッターを追加し、同一の結果を得られるプログラムに変更しなさい。

　なお、メンバ変数はカプセル化に際し、先頭に「m_」という接頭辞を付けること。例えば、name は m_name に変更すること。

Prob301/product.h
```
01  #ifndef _PRODUCT_H_
02  #define _PRODUCT_H_
03
04  #include <iostream>
05
06  using namespace std;
07
08  //  商品クラス
09  class Product {
10  public:
11      //  商品名
12      string name;
13      //  価格
14      int price;
15      //  税率
16      double tax_rate;
17      //  情報の表示
18      void showInformatin();
```

```
19  };
20
21  #endif //  _PRODUCT_H_
```

Prob301/product.cpp

```
01  #include "product.h"
02
03  void Product::showInformatin() {
04      //  税込価格を計算
05      int price_tax = price + (int)(price * tax_rate);
06      //  商品情報の表示
07      cout << "商品名:" << name
08          << " 価格:" << price << "円"
09          << " 税込価格:" << price_tax << "円"
10          << endl;
11  }
```

Prob301/main.cpp

```
01  #include "product.h"
02
03  int main(int argc, char** argv) {
04      Product p[3];
05      //  ティッシュペーパーの情報の設定
06      p[0].name = "ティッシュペーパー";
07      p[0].price = 100;
08      p[0].tax_rate = 0.1;
09      //  文房具の情報の設定
10      p[1].name = "文房具";
11      p[1].price = 500;
12      p[1].tax_rate = 0.1;
13      //  新聞の情報の設定
14      p[2].name = "新聞";
15      p[2].price = 100;
16      p[2].tax_rate = 0.08;
17      //  商品情報の表示
18      for (int i = 0; i < 3; i++) {
19          p[i].showInformatin();
20      }
21      return 0;
22  }
```

- 実行結果

商品名：ティッシュペーパー　価格：100円　税込価格：110円
商品名：文房具　価格：500円　税込価格：550円
商品名：新聞　価格：100円　税込価格：108円

4日目

コンストラクタと
デストラクタ／静的メンバ

コンストラクタと デストラクタ

- ⊙ コンストラクタとデストラクタについて学習する
- ⊙ メモリの 4 領域について学習する
- ⊙ new 演算子と delete 演算子のメモリ生成と消去を学習する

1-1 コンストラクタとデストラクタ

- コンストラクタとデストラクタの働きを理解する
- コンストラクタとデストラクタの定義の仕方を学ぶ
- インスタンスの生成・消去について理解する

● コンストラクタとデストラクタ

3 日目では、クラス、インスタンス、メンバ変数、メンバ関数といった、C++ のオブジェクト指向の基本について学びました。

しかし、これらが C++ のオブジェクト指向のすべてというわけではありません。このうちメンバ関数の中には、**コンストラクタ（constructor）**と、**デストラクタ（destructor）**と呼ばれる特殊なものがあります。

以下のサンプルは、Car クラスにコンストラクタとデストラクタを追加しています。入力・実行してみてください。

Sample401/car.h
```
01 #ifndef _CAR_H_
02 #define _CAR_H_
03
04 class Car {
05 public:
```

```
06    //  コンストラクタ
07    Car();
08    //  デストラクタ
09    ~Car();
10    //  スピードの設定
11    void setSpeed(double speed);
12    //  スピードの取得
13    double getSpeed();
14    //  移動距離の取得
15    double getMigration();
16    //  走行する
17    void drive(double hour);
18 private:
19    //  スピード
20    double m_speed;
21    //  移動距離
22    double m_migration;
23 };
24 #endif // _CAR_H_
```

Sample401/car.cpp
```
01 #include "car.h"
02 #include <iostream>
03
04 using namespace std;
05
06 //  コンストラクタ
07 Car::Car() : m_speed(0.0), m_migration(0.0) {
08    cout << "Carクラスのインスタンス生成" << endl;
09 }
10
11 //  デストラクタ
12 Car::~Car() {
13    cout << "Carクラスのインスタンス消去" << endl;
14 }
15
16 //  スピードの設定
17 void Car::setSpeed(double speed) {
18    m_speed = speed;
19 }
20
21 //  スピードの取得
22 double Car::getSpeed() {
23    return m_speed;
```

```
24  }
25
26  //   移動距離の取得
27  double Car::getMigration() {
28      return m_migration;
29  }
30
31  //   走行する
32  void Car::drive(double hour) {
33      cout << "時速" << m_speed << "kmで" << hour << "時間走行"
34          << endl;
35      cout << m_speed * hour << "km移動しました。" << endl;
36      m_migration += m_speed * hour;
37  }
```

Sample401/main.cpp

```
01  #include <iostream>
02  #include "car.h"
03
04  using namespace std;
05
06  int main(int argc, char** argv) {
07      //   インスタンスの生成
08      Car car;
09      //   スピードの設定
10      car.setSpeed(40);
11      //   走行する
12      car.drive(1.5);
13      //   スピードの設定
14      car.setSpeed(60);
15      //   走行する
16      car.drive(2.0);
17      //   総移動距離の表示
18      cout << "総移動距離:" << car.getMigration() << "km" << endl;
19      return 0;
20  }
```

● 実行結果

Carクラスのインスタンス生成　　◀────── コンストラクタの処理（自動的に呼び出される）
時速40kmで1.5時間走行
60km移動しました。
時速60kmで2時間走行
120km移動しました。

総移動距離：180km
Carクラスのインスタンス消去　◀── デストラクタの処理（自動的に呼び出される）

⦿ コンストラクタ

コンストラクタは、**クラスをインスタンス化したとき、自動的に呼び出される特別なメンバ関数です**。コンストラクタ内で何をするかは自由ですが、**コンストラクタの名前はクラス名と同じにする**というルールがあります。また、**戻り値がない**のも特徴です。

car.h の 7 行目 がコンストラクタの宣言で、定義は car.cpp の 7 〜 9 行目です。

● コンストラクタの最初の行

`Car::Car() : m_speed(0.0), m_migration(0.0) {`

コンストラクタの定義では、: で区切ったあとには**メンバ変数の初期化処理**を書きます。Car クラスのコンストラクタでは、メンバ変数 m_speed、m_migration に、それぞれ 0.0 を代入しています。書式は以下のとおりです。

● コンストラクタにおけるメンバ変数初期化処理

`クラス名::クラス名() : メンバ変数1(初期値1), メンバ変数2(初期値2)...`

このように、メンバ変数のあとの ( ) に入れた値で初期化することができます。複数のメンバ変数を初期化する場合は、,（コンマ）で区切ります。

なお、メンバ変数の並び順は、ヘッダーでの宣言順にすることが推奨されています。その順番にしたがっていなくても文法上は間違いではありませんが、ソースコードが理解しやすくなりますので、初期化し忘れなどのミスに気が付きやすくなります。

重要　コンストラクタにおけるメンバ変数への初期値の代入は、宣言の順番と同じ並びにします。

メンバ変数の初期化処理がない場合は、「:」以降の処理は必要ありません。また、値を決めるのに何らかの処理が必要な場合は、コンストラクタの処理の中で値を設定しても構いません。コンストラクタの処理は通常のメンバ関数同様、{ } の中に記述します。

実行結果から見てもわかるとおり、ここに記述された処理は、特に呼び出されなくても自動的に実行されることがわかります。ここでは、インスタンス生成時のさまざまな初期化処理が行われます。

重要

・コンストラクタの名前はクラス名と同じにします。
・コンストラクタでは戻り値の型は定義しません。
・コンストラクタではメンバ変数の初期化ができます。

◎ デストラクタ

次はデストラクタについて説明します。デストラクタとは、**インスタンスが消去される直前で自動的に呼び出されます**。ある関数内でインスタンスを生成した場合、その関数の処理が終わった段階で解放されます。この例でも、main 関数の処理が終わるときにデストラクタが呼ばれていることがわかります。

デストラクタの名前は、クラス名の先頭に **~（チルダ）** を付けます。このサンプルはクラス名が Car なので、デストラクタの名前は ~Car() になります。また、**これ以外の名前にすることはできません**。

デストラクタの処理が終わると、そのクラスのインスタンスはメモリから解放されてなくなります。

重要

・デストラクタの名前はクラス名の前に~を付けたものです。
・デストラクタでは戻り値の型は定義しません。

● コンストラクタとデストラクタ

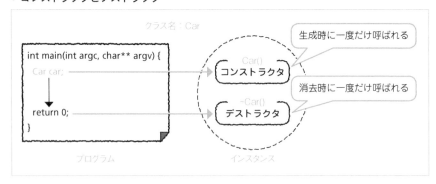

用語

コンストラクタ

インスタンスが生成されるときに一度だけ実行されるメンバ関数。

デストラクタ

インスタンスが消去されるときに一度だけ実行されるメンバ関数。

こういった性質があることから、<u>**コンストラクタはインスタンス生成時の初期化処理、デストラクタはインスタンス消去時の終了処理を記述します**</u>。

◉ プログラムの処理の流れ

最後に Sample401 の処理の流れを説明します。

● プログラムの処理のイメージ

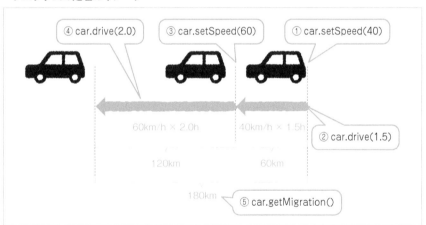

main.cpp の 8 行目で Car クラスのインスタンスが生成し、変数 car に代入されます。

● インスタンスの生成

```
Car car;
```

インスタンスが生成されると、コンストラクタが呼び出され、メンバ変数 m_speed、m_migration は、それぞれ 0.0 で初期化されます。さらに、「Car クラスのインスタンス生成」と表示されます。

次に、10 行目で setSpeed 関数を呼び出しています。setSpeed 関数は、メンバ変数 m_speed のセッターであり、メンバ変数 m_speed に 40 を代入しています（①）。

- スピードの設定

```
car.setSpeed(40);
```

次に 12 行目で、drive 関数に 1.5 を渡して呼び出しています。この処理により「時速 40km で 1.5 時間走行」「60km 移動しました。」と表示され、移動距離を表すメンバ変数 m_migration に、40*1.5 の値が加算されます（②）。

- 自動車が走行する

```
car.drive(1.5);
```

14 行目で再び setSpeed 関数が呼び出され、今度はメンバ変数 m_speed に 60 が代入されます（③）。

- スピードの設定

```
car.setSpeed(60);
```

16 行目で、drive 関数に 2.0 を渡して呼び出し呼び出し、今度は「時速 60km で 2 時間走行」「120km 移動しました。」と表示され、メンバ変数 m_migration に、60*2.0 の値が加算されます（④）。

- 自動車が走行する

```
car.drive(2.0);
```

最後に、18 行目で getMigration 関数を呼び出し、メンバ変数 m_migration の値を表示します（⑤）。

以上のすべての処理が実行され、main 関数が終了すると最後に Car クラスのデストラクタが実行され、「Car クラスのインスタンス消去」と表示されます。

例題 4-1 ★ ☆ ☆

例題 3-1 で作成した Vector2D クラスにコンストラクタを追加して、コンストラクタの中でメンバ変数 x、y を 0.0 で初期化するようにプログラムを変更しなさい。

ただし、そのほかの部分は変更せず、そのまま同じ動作をするようにすること。

 解答例と解説

まずは、ヘッダーファイルにコンストラクタの宣言を追加します。

以下のソースコードでは、10 行目にコンストラクタの宣言が追加されています。コンストラクタの名前はクラス名と一緒で、戻り値の設定はありません。

Example401/vector2D.h
```
01 #ifndef _VECTOR2D_H_
02 #define _VECTOR2D_H_
03
04 class Vector2D {
05 public:
06     //  2次元ベクトルのx,y成分
07     double x;
08     double y;
09     //  コンストラクタ
10     Vector2D();
11     //  ベクトルの長さを求めるメンバ関数
12     double length();
13 };
14
15 #endif //  _VECTOR2D_H_
```

続いて、ソースファイルにコンストラクタの処理を追加します。4 ～ 6 行目にコンストラクタの定義が行われています。ここでは、double 型のメンバ変数 x、y を 0.0 で初期化しています。

Example401/vector2D.cpp
```
01 #include "vector2D.h"
02 #include <math.h>
03
04 Vector2D::Vector2D() : x(0.0), y(0.0) {
```

```
05  }
06
07  double Vector2D::length() {
08      double length;
09      length = sqrt(x * x + y * y);
10      return length;
11  }
```

コンストラクタ内での初期化は、以下の様にして記述することも可能です。

- **コンストラクタ内でのメンバ変数の初期化の別の方法**

```
Vector2D::Vector2D() {
    x = 0.0;
    y = 0.0;
}
```

どちらのほうがよいかはプログラマーの好みにもよりますが、初期化するメンバ変数の数が多い場合はこちらのほうが見やすいかもしれません。

なお、main.cpp に変更はありませんが、念のため再掲載しておきます。

Example401/main.cpp

```
01  #include <iostream>
02  #include "vector2D.h"
03
04  using namespace std;
05
06  int main(int argc, char** args) {
07      //  2次元ベクトルの宣言
08      Vector2D v;
09      //  ベクトルのx成分、y成分の値を入力
10      cout << "v.x=";
11      cin >> v.x;
12      cout << "v.y=";
13      cin >> v.y;
14      cout << "v=(" << v.x << "," << v.y << ")" << endl;
15      cout << "vの長さ:" << v.length() << endl;
16      return 0;
17  }
```

1-2 new 演算子と delete 演算子

POINT

- new 演算子と delete 演算子の働きを理解する
- ポインタ変数としてインスタンスを扱う場合の方法を理解する
- さまざまなメモリの生成と消去のパターンに触れる

メモリの 4 領域

C/C++ で作成したプログラムを実行すると、OS はプログラムのためのメモリ領域を確保します。このとき、このメモリ領域は大きく分けて次の 4 つの領域に分かれています。

● メモリの4領域

	名前	説明
①	プログラム領域	プログラム（マシン語）が格納される場所
②	静的領域	グローバル変数やstatic変数が置かれる領域
③	ヒープ領域	動的に確保されたメモリを置く領域
④	スタック領域	ローカル変数などが置かれる領域

この中の①のプログラム領域は、コンパイラが生成したマシン語のプログラムが記憶されている領域です。また、私たちはすでに②の静的領域はグローバル変数で、④のスタック領域は関数内で定義されたローカル変数や引数で利用しているメモリ領域です。静的領域は、プログラム実行時から終了時まで確保されている領域です。それに対し、④のスタック領域は、関数内でのみ有効で、変数が定義されている関数が起動されると確保され、その関数が終了すると破棄されてしまいます。

ここまでクラスを定義し、インスタンスを生成していたのは、このうちスタック領域です。したがって、<u>処理をしている関数の中で定義し、その関数の処理が終わるとメモリから自動的に消去されてしまいます</u>。

● ヒープ領域にインスタンスを記憶する

しかし、実際にはプログラムの中でインスタンスを自由なタイミングで生成し、消去する必要があります。そのために必要なのが、**new 演算子**と **delete 演算子**です。

new は、前ページの表の③ヒープ領域にメモリを確保するための演算子です。それに対し、delete は new で確保したメモリ領域を消去（解放ともいう）するための演算子です。

ヒープ領域でのメモリ確保は自由なタイミングでできるものの、**静的領域やスタック領域と違い、消去するタイミングが決まっていないので、自分自身の手で消去する必要があるのです。**

● new 演算子と delete 演算子を使う

new 演算子と delete 演算子の使い方について説明する前に、Sample401 のインスタンスの生成と解放のタイミングを検証してみましょう。

コンストラクタが呼び出されるのは、8 行目のインスタンスを生成するとき、デストラクタが呼び出されるのが、19 行目の処理が終了し、main 関数の処理が終わったときです。**インスタンスの生成と消去のタイミングをコントロール**できないのでしょうか？

例えば、画像データなど大量のメモリを消費するインスタンスの場合、生成と消去のタイミングが制御できないと、大変不便です。実はそのときに用いられるのが、new 演算子と delete 演算子なのです。

次のサンプルでは、new 演算子と delete 演算子を使用しています。Sample402 を作成したら、「car.h」「car.cpp」を新規作成し、プログラムは Sample401 で作成した「car.h」「car.cpp」からそのままコピーしてください。main.cpp のみ、新たに次のプログラムを入力しましょう。

Sample402/main.cpp
```
01  #include <iostream>
02  #include "car.h"
03
04  using namespace std;
05
06  int main(int argc, char** argv) {
07      Car* pCar = NULL;
```

```
08      //  インスタンスの生成
09      pCar = new Car();
10      //  スピードの設定
11      pCar->setSpeed(40);
12      //  走行する
13      pCar->drive(1.5);
14      //  スピードの設定
15      pCar->setSpeed(60);
16      //  走行する
17      pCar->drive(2.0);
18      //  総移動距離の表示
19      cout << "総移動距離:" << pCar->getMigration() << "km" << endl;
20      //  インスタンスの消去
21      delete pCar;
22      cout << "インスタンスの消去終了" << endl;
23      return 0;
24  }
```

● 実行結果

Carクラスのインスタンス生成　　　
時速40kmで1.5時間走行
60km移動しました。
時速60kmで2時間走行
120km移動しました。
総移動距離:180km
Carクラスのインスタンス消去　　　
インスタンスの消去終了

◎ プログラムの説明

　基本的な処理の流れは Sample401 と同じですが、インスタンスの生成と消去に new 演算子と delete 演算子を利用しているのが大きな違いです。

　またポインタは、最初は NULL で初期化しておくように心がけましょう。このサンプルでは 7 行目で、Car クラスのポインタ変数の初期化を行っています。

● ポインタ変数のNULLでの初期化
```
Car* pCar = NULL;
```

　続いて 9 行目の new 演算子で、Car クラスのインスタンスが生成され、アドレスがポインタ変数 pCar に渡されます。

• インスタンスの生成

```
pCar = new Car();
```

「new Car()」という処理は「Car クラスのインスタンスを生成する」ことを意味します。Car クラスのインスタンスが生成され、ポインタ変数 pCar に生成されたインスタンスのアドレスが代入されます。このタイミングで Car クラスのコンストラクタが実行されます。これにより、ポインタ変数 pCar にアクセスして、インスタンスを操作できるようになります。

なお、ポインタ変数のメンバにアクセスするときは、**->（アロー演算子）**を使います。

• ポインタ変数にした場合のメンバへのアクセス方法

```
pCar->setSpeed(40);    ◀── ○ ポインタ変数の場合、メンバにはアロー演算子でアクセスする
pCar.setSpeed(40);     ◀── × ポインタ変数の場合、メンバへのアクセスに「.」は使えない
```

最後に、21 行目の delete 演算子で、生成されたインスタンスがメモリから消去されます。

• インスタンスの消去

```
delete pCar;
```

delete 演算子で Car クラスのインスタンスを消去しているため、デストラクタが呼び出され「Car クラスのインスタンス消去」と表示されます。そのあと 22 行目の処理で「インスタンスの消去終了」と表示されます。このことから、main 関数が終了する前に、インスタンスを消去できていることがわかります。

重要 new 演算子と delete 演算子により、自由なタイミングでメモリの生成と消去ができるようになります。

・newとdeleteのイメージ

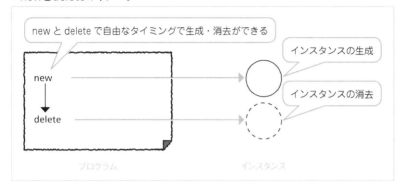

◉ new演算子とdelete演算子の書式

なお、new 演算子と delete 演算子の書式は、以下のとおりです。

・new演算子の書式
```
new コンストラクタ名( )
```

ここで注意してほしいのは、new のあとにくるのは、**クラス名ではなく、コンストラクタ名**となっている点です。あくまでも **new 演算子は、コンストラクタを呼び出し、インスタンスを生成するという役割を担っている**のです。

・delete演算子の書式
```
delete インスタンス名
```

インスタンス名は、new 演算子で生成したメモリのポインタ変数を指定します。delete されたインスタンスは、デストラクタが実行され、消去されます。

なお、**new 演算子で生成したメモリは必ず delete 演算子で消去しなくてはなりません**。詳しくは、169 ページで説明します。

注意

new 演算子で生成したメモリは必ず delete 演算子で消去する必要があります。

基本データ型に new 演算子と delete 演算子を使う

new 演算子と delete 演算子を使ったメモリの生成と消去は、int や double のような基本データ型でも利用できます。まずは、以下のサンプルを実行してみてください。

Sample403/main.cpp

```
01  #include <iostream>
02
03  using namespace std;
04
05  int main(int argc, char** argv) {
06      int* p = NULL;
07      p = new int();  //  int型の領域を確保
08      *p = 123;
09      cout << *p << endl;
10      delete p;       //  動的に確保した領域を消去
11      return 0;
12  }
```

● 実行結果

123

まず、int 型のポインタ変数 p を宣言し、それを NULL で初期化しています。
次に new 演算子で、int 型のメモリ領域を確保します。

● int型のメモリの生成

```
p = new int();  //  int型の領域を動的確保
```

int はクラスではないのですが、このような基本データ型でも new 演算子が利用できます。
すると、*p が int 型の変数として扱えるようになります。

● 生成したメモリ領域へのアクセス

```
*p = 123;
cout << *p << endl;
```

これにより、ポインタ変数 p で確保したメモリ領域に整数「123」が代入され、その値が表示されます。

delete 演算子の使い方は、インスタンスの場合と同様、new 演算子で確保した領域を指すポインタ変数を、delete の直後に記述するだけです。

● メモリの消去

```
delete p;        //   動的に確保した領域を消去
```

● 配列の生成と消去

new 演算子を使うことで、配列変数も生成することができます。以下のサンプルを入力・実行してみてください。

Sample404/main.cpp
```
01  #include <iostream>
02
03  using namespace std;
04
05  int main(int argc, char** argv) {
06      int* p = NULL;
07      int i;
08      p = new int[10];   //   int型10個分の領域を動的確保
09      for (i = 0; i < 10; ++i) {
10          p[i] = i;
11          cout << p[i] << " ";
12      }
13      cout << endl;      //   改行処理
14      delete[] p;        //   動的に確保した領域を解放
15      return 0;
16  }
```

● 実行結果
```
0 1 2 3 4 5 6 7 8 9
```

new 演算子を使って配列を確保するには、**型指定の直後に [ ] を使って、配列に含まれる要素数を指定します**。例を見てわかるように、配列を動的確保する場合に ( ) はありません。

● new演算子を使った配列領域の確保
```
p = new int[10];
```

次に delete 演算子の使い方ですが、new 演算子を使って配列を確保した場合、delete 演算子にも [ ] を付けなければなりません。

● **new演算子を使った配列領域の消去**

```
delete[] p;
```

[ ] を付けないと正しく解放できません。**[ ] の付け忘れは非常によくある間違いです。コンパイルは成功してしまうので、気を付けてください。**

重要　配列領域を消去する際には、必ず delete のあとに [ ] を付ける必要があります。

2 静的メンバ

- ▶ 静的メンバとインスタンスメンバの違いを理解する
- ▶ 静的メンバの概念と使い方を学ぶ

2-1 静的メンバとインスタンスメンバ

- 静的メンバの概念を学ぶ
- 静的メンバの定義の仕方を理解する
- 静的メンバの使い方を学ぶ

● 静的メンバとインスタンスメンバ

　今まで説明してきたメンバ変数、およびメンバ関数は、すべてインスタンスを生成することで利用できるものでした。しかし、こういった変数や関数の中には、必ずしもインスタンスを生成しなくてもいいような処理もあるはずです。

　例えば自動車の場合、生産台数や車種のようなものは、自動車クラスのインスタンスを生成しなくても取得できると大変楽です。では、このようなメンバをクラスに持たせたい場合、どうすればよいのでしょうか？　そのとき便利なのが、<u>静的メンバ</u>と呼ばれるものです。

　静的メンバは、<u>**インスタンスを生成することなく利用するできるメンバ変数、およびメンバ関数を意味します**</u>。これに対し、従来のようにインスタンスの生成を必要とするメンバのことを、<u>**インスタンスメンバ**</u>と呼びます。ここでは、静的メンバの作り方とその利用方法について説明します。

　とはいえ、静的メンバとインスタンスメンバの違いを伝えるのはなかなか難しいため、イメージしやすい具体的なイメージとして、「ネズミ（Rat）」をクラス化したサ

ンプルで説明してみることにしましょう。

　次のサンプルは、rat.h、rat.cpp、main.cpp の 3 つのファイルから成り立ちます。
順番に入力してみましょう。

Sample405/rat.h

```
01  #ifndef _RAT_H_
02  #define _RAT_H_
03
04  class Rat {
05  public:
06      //  コンストラクタ
07      Rat();
08      //  デストラクタ
09      ~Rat();
10      //  ネズミの数の出力
11      static void showNum();
12      //  ネズミが鳴く
13      void squeak();
14  private:
15      //  ネズミのID
16      int m_id;
17      //  ネズミの数
18      static int s_count;
19  };
20
21  #endif //  _RAT_H_
```

Sample405/rat.cpp

```
01  #include "rat.h"
02  #include <iostream>
03
04  using namespace std;
05
06  //  ネズミの数の初期値を0に設定
07  int Rat::s_count = 0;
08
09  //  コンストラクタ
10  Rat::Rat() : m_id(0) {
11      s_count++;          //  ネズミの数を1つ増やす
12      m_id = s_count;     //  ネズミの数を、IDとする
13  }
14
15  //  デストラクタ
```

```
16  Rat::~Rat() {
17      cout << "ネズミ:" << m_id << "消去" << endl;
18      s_count--;          //  ネズミの数を1つ減らす
19  }
20
21  //  ネズミの数の出力
22  void Rat::showNum() {
23      cout << "現在のネズミの数は、" << s_count << "匹です。" << endl;
24  }
25
26  //  ネズミが鳴く
27  void Rat::squeak() {
28      cout << m_id << ":" << "チューチュー" << endl;
29  }
```

Sample405/main.cpp
```
01  #include "rat.h"
02  #include <iostream>
03
04  using namespace std;
05
06  int main(int argc, char** argv) {
07      Rat* r1, * r2, * r3;
08      r1 = new Rat();      //  1匹目のネズミ生成
09      r1->squeak();
10      Rat::showNum();      //  ネズミの数を表示
11      r2 = new Rat();      //  2匹目のネズミ生成
12      r3 = new Rat();      //  3匹目のネズミ生成
13      r2->squeak();
14      r3->squeak();
15      Rat::showNum();      //  ネズミの数を表示
16      delete r1;           //  1匹目のネズミ消去
17      delete r2;           //  2匹目のネズミ消去
18      Rat::showNum();      //  ネズミの数を表示
19      delete r3;           //  3匹目のネズミ消去
20      Rat::showNum();      //  ネズミの数を表示
21      return 0;
22  }
```

ここまで入力できたら、実行してみましょう。

4日目

コンストラクタとデストラクタ／静的メンバ

153

・実行結果

```
1:チューチュー
現在のネズミの数は、1匹です。
2:チューチュー
3:チューチュー
現在のネズミの数は、3匹です。
ネズミ:1消去
ネズミ:2消去
現在のネズミの数は、1匹です。
ネズミ:3消去
現在のネズミの数は、0匹です。
```

◎ staticと静的メンバ

　プログラムを見るとわかるとおり、rat.h の中に、<u>static</u> が付いたメンバ変数とメンバ関数があります。これらがそれぞれ、静的メンバ変数と静的メンバ関数になります。

　　静的メンバの宣言先頭には、static を付ける必要があります。

重要

◎ 静的メンバ変数

　まずは静的メンバ変数について説明していきましょう。静的メンバ変数の宣言は、以下のようになります。

・静的メンバ変数の宣言

```
static 型 変数名;
```

　<u>このような宣言は、ヘッダーファイルで行います。</u>それに対し、初期値の設定は、以下のように行います。

・静的メンバ変数の初期値の定義

```
型 クラス名::変数名;
```

　<u>通常、メンバ変数の初期値を設定処理は、ソースファイルで行われるのが一般的です。</u>

では、このサンプルにおいて静的メンバ変数がどのように扱われているかを見てみましょう。ヘッダーファイルでの宣言は次のようになっています。

● Ratクラスの静的メンバ変数を宣言（rat.h/18行目）

```
static int s_count;
```

このとき変数名の接頭辞は「s_」となっていますが、これはこの変数が静的メンバであることを示すために付けています。これによって、ほかの「m_」から始めるメンバ変数と、名前で違いを区別できるようにしています。

そして初期値の設定は、静的メンバ変数 s_count に 0 を代入しています。

● Ratクラスの静的メンバ変数に初期値設定（rat.cpp/7行目）

```
int Rat::s_count = 0;
```

これによりプログラム起動時に Rat クラスのメンバ変数は、初期値 0 として使用可能になります。

なお、静的メンバ変数はインスタンスを生成しなくても呼び出すことができます。

◉静的メンバ関数

続いて、静的メンバ関数ですが、こちらもインスタンスを生成する前から存在します。そのため、インスタンスを生成しなくても、呼び出すことが可能です。静的メンバ関数の宣言は、ヘッダーファイルにある、メンバ関数の定義の先頭に static を付けるだけです。

● 静的メンバ関数の宣言

```
static 戻り値の型 関数名(引数1, 引数2,…);
```

このプログラムでは、rat.h の 11 行目で以下のようにして静的メンバ関数を宣言しています。

● Ratクラスの静的メンバ関数の宣言（rat.h/11行目）

```
static void showNum();
```

宣言するときに先頭に static が付くだけで、ほかの部分は特に変わりません。ただし Rat クラスの showNum 関数呼び出すときは、以下のように記述します。

● RatクラスのshowNum関数を呼び出す（main.cpp/10、15、18、20行目）

```
Rat::showNum();
```

◉ インスタンスメンバの説明

次に、Rat クラスのインスタンスメンバの説明を説明します。まずはメンバ関数から見てみましょう。Rat クラスには以下のインスタンスメンバ関数が存在します。

● Ratクラスのインスタンスメンバ関数

関数名	引数	戻り値	概要	処理内容
Rat	なし	なし	コンストラクタ	s_countの値を1増やし、ネズミにID(m_id)をつける
~Rat	なし	なし	デストラクタ	インスタンス消去時にs_countの値を1減らす
squeak	なし	void	ネズミが「チューチュー」と鳴く	どのネズミ（IDで示す）が鳴いたかがわかる

Rat クラスは生成時に、インスタンスごとに異なる ID が割り振られ、これによりどのネズミかを区別することができます。また、squeak はネズミが鳴く処理をするメンバ関数であり、どの ID のネズミが泣いたかもわかるようになっています。ちなみに「squeak」とは英語で、「（ネズミが）チューチュー鳴く」という意味の単語です。

次にインスタンスメンバ変数を見てみましょう。

● Ratクラスのインスタンスメンバ変数

変数名	型	概要
m_id	int	各ネズミのID

メンバ変数 m_id は、コンストラクタの処理の中で値が設定されます。静的メンバ変数 s_count の値が 1 増加し、その値が代入されます。squeak 関数が実行されたときや、デストラクタが実行されたときに、どの ID を持つネズミが鳴いたのか、もしくは退治されたのか … を表すために使用します。

◉ プログラムの処理の流れ

以上を踏まえて、このプログラムの流れを説明していきます。

(1) プログラムの実行時

プログラム実行とともに、Rat クラスの静的メンバ変数 s_count の値が、0 で初期化されます。

* s_countの初期化（rat.cpp/7行目）
```
int Rat::s_count = 0;
```

この段階では Rat クラスのインスタンスは生成されていませんが、それとは無関係に静的メンバ変数の初期化は実行されます。

初期状態では、ネズミの数は 0、つまりネズミはまったくいない状態です。次の段階ではネズミを 1 匹生成してみましょう。

* プログラム実行時のRatクラスとインスタンスの状態

```
s_count = 0;
showNum();
```

(2) 1匹目のネズミ生成

main.cpp の 8 行目で最初の Rat クラスのインスタンスの生成（1 匹目のネズミ生成）が行われます。

* 1匹目のネズミ生成（main.cpp/8行目）
```
r1 = new Rat();
```

すると、Rat クラスの新しいインスタンスが 1 つ生成されます（ポインタ変数 r1）。つまり、1 匹目のネズミの誕生です。

そのあと、静的メンバ変数 s_count の値が 1 増えて、1 になります。この際、コンストラクタでメンバ変数 m_id に、静的メンバ変数 s_count が代入されます。最初の値は 1 なので、ポインタ変数 r1 の ID は 1 になります。

* 1匹目のネズミ生成後のRatクラスとインスタンスの状態

次に、ポインタ変数 r1 の squeak 関数を実行します。

* r1->squeak()の実行（main.cpp/9行目）

```
r1->squeak();
```

このメンバ関数を実行すると、最初に ID が表示され、そのあと「チューチュー」と表示されます。ポインタ変数 r1 の ID は 1 なので、次の様に表示されます。

* r1->squeak()の実行結果

```
1:チューチュー
```

生まれたネズミがチューチュー鳴いています。

* 1匹目のネズミが鳴く

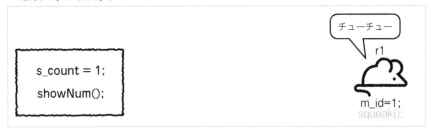

（3）ネズミの数の確認

　この段階で一度、ネズミの数を確認しています。

• ネズミの数を確認（main.cpp/10行目）
```
Rat::showNum();
```

showNum 関数は、Rat クラスの静的メンバ関数であるため、先頭に「Rat::」を付けて呼び出します。すると、現在のネズミの数（静的メンバ変数 s_count）が表示されます。

• ネズミの数を表示
　現在のネズミの数は、1匹です。

　1 匹目のネズミ（ポインタ変数 r1）が生成されたので、ネズミが 1 匹であることがわかります。このままではさみしいので、次は仲間を作ってあげましょう。

（4）2 匹目、3 匹目のネズミの生成
　続けて、2 匹目、3 匹目のネズミを立て続けに生成しています。

• 2匹目、3匹目のネズミの生成（main.cpp/11、12行目）
```
r2 = new Rat();
r3 = new Rat();
```

　すると、2 匹目のネズミ（ポインタ変数 r2）と、3 匹目のネズミ（ポインタ変数 r3）が生成されます。ポインタ変数 r2 の ID は 2、ポインタ変数 r3 の ID は 3 となります。

• 2匹目のネズミ生成後のRatクラスとインスタンスの状態

生成

s_count = 2;
showNum();

r2
m_id=2;
squeak();

r1
m_id=1;
squeak();

- 3匹目のネズミ生成後のRatクラスとインスタンスの状態

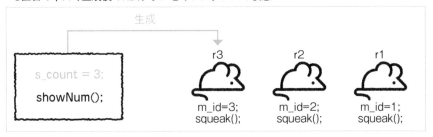

　図からわかるとおり、ポインタ変数 r2、r3 が生成される過程で、静的メンバ変数 s_count の値が 2、3 と増加しています。これでネズミは 3 匹になったわけです。

　せっかくネズミが生まれたので、2 匹目、3 匹目のネズミにも鳴いてもらいましょう。ポインタ変数 r2、r3 の squeak 関数を実行します。

- r2->squeak()の実行（main.cpp/13行目）
```
r2->squeak();
```

- r2->squeak()の実行結果
```
2:チューチュー
```

- 2匹目のネズミが鳴く

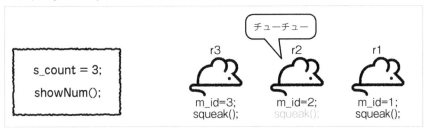

- r3->squeak()の実行（main.cpp/14行目）
```
r3->squeak();
```

- r3->squeak()の実行結果
```
3:チューチュー
```

・3匹目のネズミが鳴く

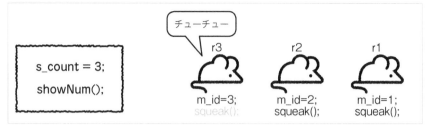

結果からわかるとおり、同じメンバ関数を実行したのにもかかわらず、インスタンスが違うと結果が異なります。

この段階で再び、showNum関数を実行して、ネズミの数を確認してきましょう。

・ネズミの数を表示（main.cpp/15行目）
現在のネズミの数は、3匹です。

静的メンバ変数 s_count に 3 が入っているので、ネズミが 3 匹いることが確認できます。

（5）ネズミの消去

ここからは、今まで生成してきたネズミを消去してみましょう。少しかわいそうですが、1匹目のネズミから退治していくことにします。

まずは、delete演算子でポインタ変数 r1 を消去しています。

・1匹目のネズミ消去（main.cpp/16行目）
```
delete r1;
```

すると、ポインタ変数 r1 のインスタンスが消去されます。そのタイミングでデストラクタが実行され、静的メンバ変数 s_count の値が 1 つ減って 2 になります。

これで、残りのネズミは 2 匹となりました。

1匹目のネズミ消去後のRatクラスとインスタンスの状態

続けて、2匹目も退治してしまいます。delete 演算子でポインタ変数 r2 を消去しています。

2匹目のネズミ消去（main.cpp/17行目）

```
delete r2;
```

これによりポインタ変数 r2 のインスタンスが消去され、再びデストラクタが実行され、静的メンバ変数 s_count の値が1つ減って1になります。

2匹目のネズミ消去後のRatクラスとインスタンスの状態

この段階で再び showNum 静的メンバ関数を実行して、ネズミの数を確認します。

ネズミの数を表示（main.cpp/18行目）

現在のネズミの数は、1匹です。

2匹のネズミポインタ変数 r1、r2 がいなくなったので、現在ネズミの数はポインタ変数 r3 のみの1匹であることがわかります。

（6）すべてのネズミがいなくなる

　最後にポインタ変数 r3 も消去し、すべてのネズミを退治してしまいましょう。delete 演算子でポインタ変数 r3 を消去しています。

- 3匹目のネズミ消去（main.cpp/19行目）

```
delete r3;
```

　これで生成したネズミのインスタンスが完全になくなり、静的メンバ変数 s_count の値は 0 になります。

　かくしてネズミはすべて退治されてしまいました。生成したメモリは必ず消去しなくてはならないので、あきらめてもらいましょう。

- 3匹目のネズミ消去後のRatクラスとインスタンスの状態

　最後に showNum 静的メンバ関数を実行して、ネズミの数を確認します。

- ネズミの数を表示（main.cpp/20行目）

　現在のネズミの数は、0匹です。

　ネズミの数が 0 であることがわかります。

　この段階ではすでに Rat クラスのインスタンスは 1 つも存在しませんが、**Rat::shoNum は静的なメンバ関数なので、インスタンスがない状態でも呼び出すことができることがわかります。**

　以上でネズミは完全に絶滅してしまいました。ネズミさんたちには気の毒ですが、おかげで静的メンバとインスタンスメンバの違いが理解できたかと思います。

②-2 静的メンバの利用

- 静的メンバとインスタンスメンバの関係性を理解する
- 静的メンバを適切に使えるようにする

静的メンバとインスタンスメンバの関係性

ここまでインスタンスメンバと静的メンバが共存するRatクラスについて説明してきました。このようなときに注意しなくてはならないのは、**静的メンバ関数が利用できるメンバ変数は、静的メンバ変数に限られるということです。**

通常のメンバ変数（インスタンスメンバ変数）は、インスタンスを生成しないと利用できないので、インスタンスを生成しなくても利用できる静的なメンバ関数から、通常のメンバ変数は利用できません。**同様の理由で、静的メンバ関数から、通常のメンバ関数は呼び出せません。**

ただし、通常のメンバ関数から、静的メンバ変数を利用したり、静的メンバ関数を呼び出したりすることは可能です。この規則を表にまとめると、次のようになります。

- 各メンバ関数から利用できるメンバの種類

種別	静的メンバ変数	静的メンバ関数	インスタンスメンバ変数	インスタンスメンバ関数
静的メンバ関数	○	○	×	×
インスタンスメンバ関数	○	○	○	○

静的メンバとインスタンスメンバが混在したプログラムの注意点

では、実際にサンプルを通して理解してみることにしましょう。以下のサンプルを入力・実行してみてください。

Sample406/sample.h
```
01 #ifndef _SAMPLE_H_
02 #define _SAMPLE_H_
03
```

```
04  class Sample {
05  public:
06      //  インスタンスメンバ関数
07      void func1();
08      //  静的メンバ関数
09      static void func2();
10  private:
11      //  インスタンスメンバ変数
12      int m_a;
13      //  静的メンバ変数
14      static int s_b;
15  };
16
17  #endif // _SAMPLE_H_
```

Sample406/sample.cpp

```
01  #include "sample.h"
02  #include <iostream>
03
04  using namespace std;
05
06  //  静的メンバ変数の初期化
07  int Sample::s_b = 0;
08
09  //  インスタンスメンバ関数
10  void Sample::func1() {
11      cout << "=== func1 ===" << endl;
12      //  インスタンスメンバ変数への代入
13      m_a = 1;
14      //  静的メンバ変数への代入
15      s_b = 2;
16      cout << "a=" << m_a << endl;
17      cout << "b=" << s_b << endl;
18  }
19
20  //  静的メンバ関数
21  void Sample::func2() {
22      cout << "=== func2 ===" << endl;
23      //  インスタンスメンバ変数への代入（エラー）
24      //m_a = 3;
25      //  静的メンバ変数への代入
26      s_b = 4;
27      //cout << "a=" << m_a << endl;
28      cout << "b=" << s_b << endl;
29  }
```

Sample406/main.cpp

```
01  #include <iostream>
02  #include "sample.h"
03
04  using namespace std;
05
06  int main(int argc, char** argv) {
07      // インスタンスの生成
08      Sample* s = new Sample();
09      // インスタンスメンバの呼び出し①
10      s->func1();
11      // インスタンスメンバの呼び出し②（エラー）
12      //Sample::func1();
13      // 静的メンバの呼び出し①（推奨されない記述方法）
14      s->func2();
15      // 静的メンバの呼び出し②（推奨する記述方法）
16      Sample::func2();
17      // インスタンスの消去
18      delete s;
19      return 0;
20  }
```

● 実行結果

```
=== func1 ===
a=1
b=2
=== func2 ===
b=4
=== func2 ===
b=4
```

◎ メンバ関数からインスタンスメンバ変数へのアクセス

　Sample クラスには 2 つの public なメンバ関数（インスタンスメンバ：func1、静的メンバ：func2）と、2 つの private なメンバ変数（インスタンスメンバ：m_a、静的メンバ：s_b）が存在します。

　func1 関数の中では、メンバ変数 m_a に 1、静的メンバ変数 s_b に 2 を代入し表示していますが、func1 関数はインスタンスメンバ関数であるため、どちらにもアクセスすることが可能です。

　しかし、func2 関数では静的メンバ変数 s_b にしかアクセスしておらず、メンバ変数 m_a へのアクセスの部分はコメントになっています。「//」を取ると、どうなるの

でしょうか？

以下のように sample.cpp の 24、27 行目にある「//」を消してみましょう。

• sample.cpp/24、27行目の「//」を消す（sample.cpp/20～29行目）

```
20  //   静的メンバ関数
21  void Sample::func2() {
22      cout << "=== func2 ===" << endl;
23      //   インスタンスメンバ変数への代入（エラー）
24      m_a = 3;                              ← 「//」を消す
25      //   静的メンバ変数への代入
26      s_b = 4;
27      cout << "a=" << m_a << endl;          ← 「//」を外す
28      cout << "b=" << s_b << endl;
29  }
```

この状態でコンパイルを行うと、次のようなエラーが出ます。

• func2関数内の「//」を消したときに発生するエラー

エラー C2597 静的でないメンバ 'Sample::m_a' への参照が正しくありません。

一体なぜこのようなエラーが出るのでしょうか？

それは、m_a はインスタンス化されていないとアクセスできていないメンバ変数であるため、インスタンスを生成せずに呼び出せる可能性のある静的メンバ関数（func2）の中から使うことができないからです。

これでも納得がいかない、という方は次のような状況を考えてみてください。

例えば、Sample クラスのインスタンス s1、s2 があった場合、func2 関数の中でのメンバ変数 m_a はどちらのものを指すでしょう？　そのことを考えると、なぜこの関数の中で m_a を使うことができないかがよくわかると思います。

同様なことはメンバ関数についてもいえます。ここでは定義されていませんが、インスタンスメンバ関数を静的メンバ関数の中から呼び出すことはできません。

注意

静的メンバ関数の中からインスタンスメンバへアクセスすることはできません。

◉ 関数呼び出しの際の注意①

続いて、main.cpp を見てみましょう。12 行目は、行頭に「//」が付いているため
コメントになっています。この「//」を消してみましょう。

● main.cpp/12行目の「//」を消す
```
Sample::func1();
```

このときも同じエラーが出ます。これは、func1 関数がインスタンスメンバ関数な
ので、インスタンスを生成しないと呼び出せないためです。

◉ 関数呼び出しの際の注意②

なお、注意しなくてはならない点は静的メンバ関数である func2 にも存在します。
main.cpp の 14 行目および 16 行目で、異なる方法でこの関数が呼び出されています。

● func2関数の異なる呼び出し方
```
//　静的メンバの呼び出し①（推奨されない記述方法）
s->func2();
//　静的メンバの呼び出し②（推奨する記述方法）
Sample::func2();
```

このときはどちらもエラーが出ず、同じ結果が得られます。

しかし、ここで推奨する呼び出し方は、②番の方法、つまり「Sample::func2();」
という記述方法です。

理屈の上では、インスタンスから静的メンバを呼び出すことは可能なのですが、**呼
び出す関数がインスタンスメンバであると勘違いしてしまう可能性があり、インスタ
ンスを生成しないと呼び出せないという印象を受けます。**

しかし、**静的メンバはインスタンスを生成せずに呼び出せるのが最大の特徴なので、
このような呼び出し方は好ましくないとされています。**

重要

静的メンバ関数を呼び指す際には「クラス名 :: 関数名 ()」という形式
で記述しましょう。

2-3 メモリリーク

POINT

- メモリリークの概念について学習する
- メモリリークの弊害を理解する

● メモリリーク

　ここまでメモリの生成と消去についての話をしてきたとおり、new演算子で確保したメモリは、必ずdelete演算子で消去しなければなりません。確保したメモリ領域の消去を忘れていると、そのメモリ領域は誰にも使用されることなく、プログラムが終了するまでシステムのメモリ資源を無駄に占有し続けることになります。

　このような「システムのメモリがどこかから漏れて（リーク）足りなくなっていく」という現象のことを、メモリリーク（memory leak）といいます。

◎ メモリリークの発生
　では、実際にメモリリークが発生するプログラムを作ってみましょう。

Sample407/main.cpp

```
01 #include <iostream>
02
03 using namespace std;
04
05 int main(int argc, char** argv) {
06     int* p = NULL;
07     int i;
08     p = new int[10];   // int型10個分の領域を動的確保
09     for (i = 0; i < 10; ++i) {
10         p[i] = i;
11         cout << p[i] << " ";
12     }
13     cout << endl;      // 改行処理
14     return 0;
15 }
```

169

● 実行結果

```
0 1 2 3 4 5 6 7 8 9
```

このプログラムの実行結果は Sample404 と同じ実行結果が得られ、プログラムもほぼ一緒です。しかし、Sample404 と比べると、このプログラムには以下の処理がないことがわかります。

● メモリの消去の処理

```
delete[] p;
```

配列変数 p は、new 演算子によって生成された配列変数であり、本来ならプログラム終了時にメモリの消去を行わなくてはなりませんが、その処理がないのです。しかし、このように記述漏れがあったときに発生するメモリリークは見つけることが難しく、これは C/C++ のプログラマーが頭を抱えるところです。

◎ メモリリークの問題点

メモリリークは一見、あまり大きな問題ではないように見えるかもしれませんが、**長時間連続稼動するプログラムでメモリリークが発生している場合、メモリ資源を次々と浪費し続けます。**

その結果、システムのパフォーマンスを落とすこととなり、最悪の場合システムが停止する場合もあるのです。

メモリリーク

用語　確保したメモリを消去し忘れ、確保したままになってしまうこと。

◎ C/C++とガーベージ・コレクタ

現在、多くのプログラミング言語には**ガーベージ・コレクタ（GC）**と呼ばれるメモリ監視の仕組みが存在し、C/C++ のように一度生成したメモリを消去する必要はありません。

C/C++ も最新の仕様のものであれば、GC のライブラリも存在しますが、一般的にはメモリは自ら生成・消去するのが C/C++ では一般的です。

　これもまた C/C++ をとっつきにくくしている原因の 1 つなのですが、同時により細かくメモリを使用できるという強みにもなっています。

注意

C++ は、言語仕様としてのガーベージ・コレクタを持たないので、メモリの管理は自分自身で行う必要があります。

4日目

3) 練習問題

正解は 307 ページ

 問題 4-1

　以下のプログラムを入力して実行すると、異常終了してしまう。そうならずに、期待される実行結果を得られるようにプログラムを修正しなさい。

Prob401／main.cpp
```cpp
01 #include <iostream>
02
03 using namespace std;
04
05 int main(int argc, char** argv) {
06     double* p = NULL;
07     p = new double[5];  //  double型5個分の領域を動的確保
08     for (int i = 0; i < 5; i++) {
09         p[i] = i / 10.0;
10     }
11     delete[] p;
12     for (int i = 0; i < 5; i++) {
13         cout << p[i] << " ";
14     }
15     cout << endl;    //  改行処理
16     return 0;
17 }
```

● 期待される実行結果
0 0.1 0.2 0.3 0.4

5日目

継承と
ポリモーフィズム

継承とポリモーフィズム

- ▶ 継承の概念と実装の方法について学習する
- ▶ ポリモーフィズムの概念と実装について学ぶ
- ▶ virtual と仮想関数の使い方について学習する

1-1 継承

- 継承の概念と実装方法について学習する
- 親クラス・子クラスの関係性について理解する
- protected メンバの使い方について学ぶ

● 継承の概念

C++ に限らず、オブジェクト指向言語に備わっている重要な特性の 1 つに、**継承（けいしょう）**があります。継承は、**あるクラスのメンバをほかのクラスに引き継げる効果があります。**では、実際に継承とはどういうものか、さらに詳しく説明しましょう。

◉ 親クラスと子クラス

3 日目にオブジェクトに関する説明で、自動車を例に挙げました。自動車といえば、通常は乗用車を想像してしまうかもしれませんが、自動車といってもさまざまな種類があります。例えば、警察車両であるパトカー、荷物を運ぶトラック、さらに緊急車両である救急車などがあります。それらは「自動車」でありながら、それぞれの機能に応じた独自の拡張がされています。

・継承のイメージ

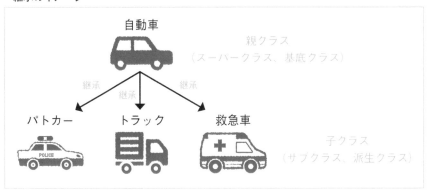

自動車

親クラス
（スーパークラス、基底クラス）

継承　　継承　　継承

パトカー　　トラック　　救急車

子クラス
（サブクラス、派生クラス）

このように、**基本となるクラスの性質を受け継ぎ、独自の拡張をすることを、オブジェクト指向では、継承と呼びます**。継承元となるクラスのことを、**親クラス、スーパークラス、基底クラス**などと呼びます。それに対し、親クラスの機能を継承し、独自の機能を実装したクラスのことを、**子クラス、サブクラス、派生クラス**となどと呼びます。

前述の自動車の例でいうのならば、車が親クラス、パトカー・トラック・救急車が子クラス、ということになります。

用語

継承
あるクラスの性質を受け継いだ新しいクラスを作ること。

あるクラスを継承して新たなクラスを作るときは、次の書式でクラスを宣言します。

・**親クラスを継承した、子クラスの宣言方法**

```
class 子クラス名 : public 親クラス名
```

● 継承の実装

では実際に、継承を実装してみましょう。ここでは、前述の自動車と救急車の例をプログラムにしてみます。自動車を表す Car クラスと、救急車を表す Ambulance クラスを定義していきます。

175

- Sample501のクラス

クラス	親クラス	プログラム
Car	—	car.h、car.cpp
Ambulance	Car	ambulance.h、ambulance.cpp

まずは、親クラス（Car）の car.h から、入力していきましょう。

Sample501/car.h
```
01 #ifndef _CAR_H_
02 #define _CAR_H_
03
04 class Car {
05 public:
06     //  コンストラクタ
07     Car();
08     //  デストラクタ
09     virtual ~Car();
10     //  スピードの設定
11     void setSpeed(double speed);
12     //  スピードの取得
13     double getSpeed();
14     //  移動距離の取得
15     double getMigration();
16     //  走行する
17     void drive(double hour);
18 private:
19     //  スピード
20     double m_speed;
21     //  移動距離
22     double m_migration;
23 };
24 #endif //   _CAR_H_
```

続いて、親クラスの car.cpp です。

Sample501/car.cpp
```
01 #include "car.h"
02 #include <iostream>
03
04 using namespace std;
05
06 //  コンストラクタ
```

```
07  Car::Car() : m_speed(0.0), m_migration(0.0) {
08      cout << "== Carクラスのインスタンス生成 ==" << endl;
09  }
10
11  //  デストラクタ
12  Car::~Car() {
13      cout << "== Carクラスのインスタンス消去 ==" << endl;
14  }
15
16  //  スピードのセッター
17  void Car::setSpeed(double speed) {
18      m_speed = speed;
19  }
20
21  //  スピードの取得
22  double Car::getSpeed() {
23      return m_speed;
24  }
25
26  //  移動距離の取得
27  double Car::getMigration() {
28      return m_migration;
29  }
30
31  //  走行する
32  void Car::drive(double hour) {
33      cout << "時速" << m_speed << "kmで" << hour << "時間走行" << endl;
34      cout << m_speed * hour << "km移動しました。" << endl;
35      m_migration += m_speed * hour;
36  }
```

　親クラス（Car）のプログラムを入力したら、次は子クラス（Ambulance）のプログラムを入力してきましょう。6行目のクラス宣言で、Carクラスを継承します。

Sample501/ambulance.h
```
01  #ifndef _AMBULANCE_H_
02  #define _AMBULANCE_H_
03
04  #include "car.h"
05
06  class Ambulance : public Car {
07  public:
08      //  コンストラクタ
```

```
09      Ambulance();
10      //  デストラクタ
11      virtual ~Ambulance();
12      //  救急救命活動
13      void sevePeople();
14  private:
15      int m_number;
16  };
17
18  #endif //  _AMBULANCE_H_
```

続けて、ambulance.cpp を作成してください。

Sample501/ambulance.cpp
```
01  #include "ambulance.h"
02  #include <iostream>
03
04  using namespace std;
05
06  //  コンストラクタ
07  Ambulance::Ambulance() : m_number(119) {
08      cout << "** Ambulanceクラスのインスタンスの生成 **" << endl;
09  }
10
11  //  デストラクタ
12  Ambulance::~Ambulance() {
13      cout << "** Ambulanceクラスのインスタンスの消去 **" << endl;
14  }
15
16  //  救急救命活動
17  void Ambulance::sevePeople() {
18      cout << "救急救命活動" << endl
19          << "呼び出しは" << m_number << "番" << endl;
20  }
```

最後に、main.cpp です。

Sample501/main.cpp
```
01  #include <iostream>
02  #include "car.h"
03  #include "ambulance.h"
04
05  using namespace std;
06
```

```
07  int main(int argc, char** argv) {
08      cout << "-- Carクラスの処理" << endl;
09      //  自動車クラスのインスタンスの生成
10      Car* pCar = new Car();
11      //  自動車のスピードの設定
12      pCar->setSpeed(40);
13      //  自動車が走行する
14      pCar->drive(1.5);
15      //  自動車の総移動距離の表示
16      cout << "総移動距離:" << pCar->getMigration() << "km" << endl;
17      //  自動車クラスのインスタンスの消去
18      delete pCar;
19      cout << "-- Ambulanceクラスの処理" << endl;
20      //  救急車クラスのインスタンスの生成
21      Ambulance* pAmb = new Ambulance();
22      //  救急車のスピードの設定
23      pAmb->setSpeed(60);
24      //  救急車が走行する
25      pAmb->drive(2);
26      //  救急車総移動距離の表示
27      cout << "総移動距離:" << pAmb->getMigration() << "km" << endl;
28      //  救急救命活動
29      pAmb->sevePeople();
30      //  救急車クラスのインスタンスの消去
31      delete pAmb;
32      return 0;
33  }
```

car.h、car.cpp、ambulance.h、ambulance.cpp、main.cpp にプログラムの入力ができたら、実行してみましょう。

● 実行結果
-- Carクラスの処理
== Carクラスのインスタンス生成 ==
時速40kmで1.5時間走行
60km移動しました。
総移動距離:60km
== Carクラスのインスタンス消去 ==
-- Ambulanceクラスの処理
== Carクラスのインスタンス生成 ==
** Ambulanceクラスのインスタンスの生成 **
時速60kmで2時間走行

120km移動しました。
総移動距離:120km
救急救命活動
呼び出しは119番
** Ambulanceクラスのインスタンスの消去 **
== Carクラスのインスタンス消去 ==

実行が確認できたところで、プログラムの詳細について説明していきます。

◉ 利用できるメンバの比較

まずは、Car クラスと Ambulance クラスで、利用できるメンバの比較をしてみましょう。

Ambulance クラスは、Car クラスの public なメンバ関数の drive、setSpeed、getSpeed、getMigration を利用することができます。しかし、Ambulance クラスの public なメンバ関数の savePeople は、Ambulance クラスでのみ利用可能で、Car クラスからは利用できません。

• Carクラス、Ambulanceクラスで利用できるメンバ関数

メンバ関数	Carクラスで利用	Ambulanceクラスで利用
setSpeed	○	○
getSpeed	○	○
getMigration	○	○
drive	○	○
sevePeople	×	○

続いてメンバ変数ですが、Car クラスの private なメンバ変数である m_speed、m_migration には、Car クラス外から直接アクセスすることはできません。

一方、Ambulance クラスの private なメンバ変数の m_number は、Ambulance クラス内のみで利用でき、Car クラスではアクセスすることができません。

• Carクラス、Ambulanceクラスで利用できるメンバ変数

メンバ変数	Carクラスで利用	Ambulanceクラスで利用
m_speed	○	×
m_migration	○	×
m_number	×	○

● プログラムの処理の流れ

　では、処理の流れを説明していきましょう。main.cppにあるmain関数の処理を追っていきます。

　まずは、9〜18行目の処理内容と実行結果を見てみます。

・main.cpp（9〜18行目）

```
//    自動車クラスのインスタンスの生成
Car* pCar = new Car();
//    自動車のスピードの設定
pCar->setSpeed(40);
//    自動車が走行する
pCar->drive(1.5);
//    自動車の総移動距離の表示
cout << "総移動距離:" << pCar->getMigration() << "km" << endl;
//    自動車クラスのインスタンスの消去
delete pCar;
```

・main.cpp（9〜18行目）の処理の結果

```
== Carクラスのインスタンス生成  ==
時速40kmで1.5時間走行
60km移動しました。
総移動距離:60km
== Carクラスのインスタンス消去  ==
```

　ここでは最初にCarクラスのインスタンスが生成され、「== Carクラスのインスタンス生成 ==」と表示されます。続いて、CarクラスのsetSpeed関数とdrive関数を実行したあと、delete演算子でインスタンスを消去しています。その結果、デストラクタが実行され「== Carクラスのインスタンス消去 ==」と表示されます。

　次に、20〜31行目の処理です。

・main.cpp（20〜31行目）

```
//    救急車クラスのインスタンスの生成
Ambulance* pAmb = new Ambulance();
//    救急車のスピードの設定
pAmb->setSpeed(60);
//    救急車が走行する
pAmb->drive(2);
//    救急車総移動距離の表示
cout << "総移動距離:" << pAmb->getMigration() << "km" << endl;
```

```
//   救急救命活動
pAmb->sevePeople();
//   救急車クラスのインスタンスの消去
delete pAmb;
```

● main.cpp（20～31行目）の処理の結果

```
== Carクラスのインスタンス生成 ==
** Ambulanceクラスのインスタンスの生成 **
時速60kmで2時間走行
120km移動しました。
総移動距離:120km
救急救命活動
呼び出しは119番
** Ambulanceクラスのインスタンスの消去 **
== Carクラスのインスタンス消去 ==
```

　21行目で、Ambulance クラスのインスタンスを生成しています。このとき Ambulance クラスのコンストラクタが呼び出されるので、「** Ambulance クラスのインスタンスの生成 **」と表示されます。しかし、その前に「== Car クラスのインスタンス生成 ==」と表示されており、Car クラスのインスタンスが生成されているのがわかります。

　実は子クラスのインスタンスが生成されるとき、子クラスのコンストラクタが実行される前に、親クラスのコンストラクタが実行されるのです。

重要　　子クラスが生成されるとき、コンストラクタの呼び出順は、親クラス→子クラスの順番です。

　子クラスは、親クラスのメンバを利用可能になるため、親クラスの性質も引き継いでいるのです。そのため、最初に親クラスである Car クラスのコンストラクタが実行されてから、子クラスの Ambulance クラスのコンストラクタが生成されます。

　そのあと、Car クラスのメンバ関数である setSpeed 関数と drive 関数を呼び出しています。**これらは Car クラスで public メンバとして定義されているため、子クラスでも利用できます。**

　さらに、Ambulance クラスのみに定義されている sevePeople 関数を呼び出しています。

　最後にインスタンスを消去するため、デストラクタが呼び出されますが、**コンストラクタとは逆に、子クラスのデストラクタが実行され、そのあと親クラスのデストラ**

クタが実行されます。

重要　子クラスが消去されるとき、デストラクタの呼び出し順は、子クラス→親クラスの順番です。

　このように、クラスが継承された場合、親クラスのコンストラクタ、デストラクタも利用されることがわかります。

● CarクラスとAmbulanceクラスのコンストラクタ・デストラクタの呼び出し順

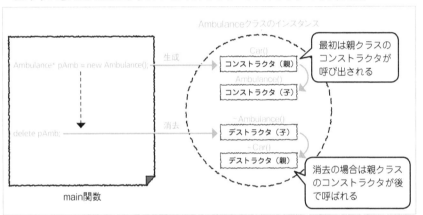

◉ デストラクタとvirtual修飾子

　なお、Car クラスと、Ambulance クラスのデストラクタには、virtual（バーチャル）修飾子が付いています。

● Ambulanceクラスのデストラクタの宣言（ambulance.h/11行目）
```
virtual ~Ambulance();
```

● Carクラスのデストラクタの宣言（car.h/9行目）
```
virtual ~Car();
```

　C++ では、クラスを継承する場合、デストラクタに virtual 修飾子を付けることが推奨されています。 virtual 修飾子については、200 ページであらためて説明します。

protected メンバ

ここまでのプログラムで使ったアクセス指定子は、public と private の 2 つです。ここでは 3 つ目の protected（**プロテクティッド**）というアクセス指定子について、説明します。

次の Sample502 は、Animal クラスを継承した Cat クラスと Dog クラスを定義します。

* Sample502のクラス

クラス	親クラス	ファイル
Animal	－	animal.h、animal.cpp
Cat	Animal	cat.h、cat.cpp
Dog	Animal	dog.h、dog.cpp

まずは、Animal クラスのプログラムから入力していきましょう。

Sample502/animal.h

```
01 #ifndef _ANIMAL_H_
02 #define _ANIMAL_H_
03
04 #include <iostream>
05
06 using namespace std;
07
08 class Animal {
09 protected:
10     string m_name;
11     string m_voice;
12 public:
13     //  コンストラクタ
14     Animal();
15     //  デストラクタ
16     virtual ~Animal();
17     //  動物の名前を取得
18     string getName();
19     //  動物が鳴く
20     void cry();
21 protected:
22     //  動物の情報の初期化
```

```
23    void init(string name, string voice);
24  };
25
26  #endif //  _ANIMAL_H_
```

Sample502/animal.cpp
```
01  #include "animal.h"
02
03  //   コンストラクタ
04  Animal::Animal() {
05  }
06
07  //   デストラクタ
08  Animal::~Animal() {
09  }
10
11  //   動物の名前を取得
12  string Animal::getName() {
13      return m_name;
14  }
15
16  //   動物が鳴く
17  void Animal::cry() {
18      cout << m_voice << endl;
19  }
20
21  //   データの設定
22  void Animal::init(string name, string voice) {
23      m_name = name;
24      m_voice = voice;
25  }
```

次に、Animal クラスを継承した Cat クラスのプログラムを入力してください。

Sample502/cat.h
```
01  #ifndef _CAT_H_
02  #define _CAT_H_
03
04  #include "animal.h"
05
06  class Cat : public Animal {
07  public:
08      Cat();
```

```
09      virtual ~Cat();
10  };
11
12  #endif  //  _CAT_H_
```

Sample502/cat.cpp
```
01  #include "cat.h"
02
03  //  コンストラクタ
04  Cat::Cat() {
05      init("猫", "ニャーニャー");     //  猫の名前と鳴き声を設定
06  }
07
08  //  デストラクタ
09  Cat::~Cat() {
10      cout << m_name << "は" << m_voice << "と鳴くニャン" << endl;
11  }
```

続いて、Animal クラスを継承した Dog クラスです。

Sample502/dog.h
```
01  #ifndef _DOG_H_
02  #define _DOG_H_
03
04  #include "animal.h"
05
06  class Dog : public Animal {
07  public:
08      Dog();
09      virtual ~Dog();
10  };
11
12  #endif  //  _DOG_H_
```

Sample502/dog.cpp
```
01  #include "dog.h"
02
03  //  コンストラクタ
04  Dog::Dog() {
05      init("犬", "ワンワン");     //  犬の名前と鳴き声を設定
06  }
```

```
07
08 //  デストラクタ
09 Dog::~Dog() {
10     cout << m_name << "は" << m_voice << "と鳴くワン" << endl;
11 }
```

最後に、main.cpp にプログラムを入力していきましょう。

Sample502/main.cpp
```
01 #include <iostream>
02 #include "cat.h"
03 #include "dog.h"
04
05 using namespace std;
06
07 int main(int argc, char** argv) {
08     //  猫クラスの呼び出し
09     Cat* pCat = new Cat();
10     //pCat->init("にゃんこ","みゃおー");
11     cout << pCat->getName() << endl;
12     pCat->cry();
13     delete pCat;
14     //  犬クラスの呼び出し
15     Dog* pDog = new Dog();
16     cout << pDog->getName() << endl;
17     pDog->cry();
18     delete pDog;
19     return 0;
20 }
```

ここまで入力できたら、プログラムを実行してみてください。

● **実行結果**

猫
ニャーニャー
猫はニャーニャーと鳴くニャン
犬
ワンワン
犬はワンワンと鳴くワン

それでは、プログラムを詳しく説明していくことにしましょう。

◉ Animalクラス

　Animal クラスは、protected なメンバ変数として動物の名前（m_name）と鳴き声（m_voice）を持ちます。public なメンバ関数は、動物の名前を取得する getName、動物が鳴く cry が存在します。

　なお、動物の名前および鳴き声を設定するメンバ関数に init がありますが、この関数は protected になっています。

◉ Catクラス、Dogクラス

　Cat クラスと Dog クラスは、Animal クラスを継承し、それぞれ動物の名前と鳴き声をコンストラクタの中で設定しています。コンストラクタでは、Animal クラスの init 関数を呼び出しています。

● コンストラクタで動物の名前と鳴き声を設定（Catクラスの場合）

```
Cat::Cat() {
    init("猫", "ニャーニャー");    // 猫の名前と鳴き声を設定
}
```

　Cat クラスと Dog クラスは、Animal クラスを継承しているので、Animal クラスの protected なメンバ関数である init にアクセス可能です。これにより、Cat クラスと Dog クラスのメンバ変数 m_name、m_voice に値が設定されます。

◉ プログラムのメインの処理

　main.cpp では、Cat クラスと Dog クラスのインスタンスを生成し、getName 関数で名前を取得して、cry 関数を呼び出しています。そのため、Cat クラスの場合、名前は「猫」、cry 関数の実行結果として「ニャーニャー」と表示されます。

　getName と cry は Animal クラスのメンバ関数ですが、Cat クラスと Dog クラスは Animal クラスを継承しているのでそのまま利用可能です。

◉ protectedメンバの働き

　Cat クラスと Dog クラスは、Animal クラスを継承しています。そのため、親クラスの public なメンバ関数である getName、cry を利用できます。また、Animal クラスで定義されている protected なメンバ変数の m_name、m_voice および、メンバ関数の init にも、クラス内からアクセスすることが可能です。

このように protected メンバは、子クラスからアクセスすることが可能なのです。
ただ、protected メンバは、private メンバ同様、クラス外からのアクセスはできません。試しに、main.cpp の 10 行目の「//」を消して、クラス外から protected なメンバである init 関数を呼び出してみます。

- main.cpp/10行目の「//」を消した場合

```
pCat->init("にゃんこ","みゃおー");
```

この状態でプログラムを再びコンパイルすると、次のようなエラーが出ます。

- main.cpp/10行目の「//」を消したときのコンパイルエラー

エラー C2248 'Animal::init': protected メンバ（クラス 'Animal' で宣言されている）にアクセスできません。

これは protected メンバにクラス外からアクセスしたことによるエラーです。
つまり、protected メンバは、子クラスから見れば public のように、クラス外から見れば private のようにふるまうのです。ですので、子クラスのみにアクセスを許すメンバには、protected 修飾子を付けます。
この関係性をわかりやすく図にすると、次のようになります。

- protectedメンバへのアクセス

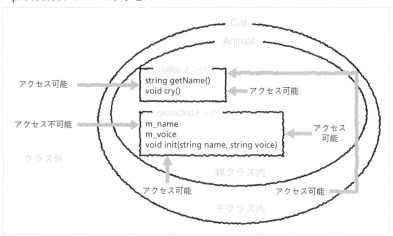

多重継承

ここまで、C++ の継承について説明してきましたが、今までの例では、親クラス
が 1 つしか存在しませんでした。親クラスが 1 つしかないような継承の仕方を、**単
一継承（たんいつけいしょう）**といいます。また 1 つのクラスに複数の親クラスを設
定することも可能で、これを**多重継承（たじゅうけいしょう）**といいます。

Java や C# など、ほとんどのオブジェクト指向言語では、多重継承は禁止されてい
ますが、C++ は多重継承を許しています。

多重継承の実装

では、C++ で多重継承を実装するにはどのようにすればよいのでしょうか？ そ
のやり方は簡単で、以下のような記述方法になります。

● 多重継承の実装

```
class Sub : public SupA, public SupB {
...
}
```

継承する親クラスの間を「, （コンマ）」で区切れば、複数の親クラスを持つことが
可能です。これにより、Sub クラスは SupA クラスと SupB クラスを継承します。

ただ、多重継承を用いるのは、技術的な問題点も多く、あまり推奨されていません。
なので、クラスを継承するときは、原則的に親クラスは 1 つにしてください。

例外的に多重継承を利用するテクニックがあるので、その点については 7 日目に
詳しく説明します。

注意

多重継承を乱用するとプログラムがわかりにくくなります。

1-2 ポリモーフィズム

POINT

- ポリモーフィズムの概念について学習する
- オーバーライド・オーバーロードの実装方法について理解する

● ポリモーフィズム

ポリモーフィズム（polymorphism）とは、日本語で**多相性（たそうせい）**や**多態性（たたいせい）**などと訳されます。オブジェクト指向の言語が持つ大事な性質の1つで、同じ名前の関数を複数定義して、状況に応じて呼び出す関数を使い分ける仕組みです。

C++はこのポリモーフィズムに対応しており、同一クラス内に引数の型もしくは数を変えて同名の関数を複数定義し、呼び出すときに引数に対応した関数の処理を実行することができます。

◉ ポリモーフィズムを利用するメリット

ポリモーフィズムの利点は、メンバ関数の名前を統一することで、関数名の種類を減らせる、記述ミスを減らせることなどが挙げられます。また、同じような処理でも、少しずつふるまいの違うメンバ関数に同じ名前を付けると、処理に統一感を持たせることが可能になるのです。

C++にはポリモーフィズムを表現する手段として**オーバーロード（overload）**と**オーバーライド（override）**と呼ばれる手法が用意されています。

重要　ポリモーフィズムを利用すると同一処理のメンバ関数の名前を統一することができ、プログラムがわかりやすくなります。

● オーバーロード

まずはサンプルを通してオーバーロードの概念と使い方について説明します。
次のプログラムを入力・実行してみてください。

Sample503/calc.h

```
01  #ifndef _CALC_H_
02  #define _CALC_H_
03
04  class Calc {
05  private:
06      int m_a, m_b;
07  public:
08      // デフォルトコンストラクタ
09      Calc();
10      // コンストラクタ(引数付き)
11      Calc(int a, int b);
12      // 足し算処理その1
13      int add();
14      // 足し算処理その2
15      int add(int a, int b);
16      // 値の設定
17      void setValue(int a, int b);
18      // 値の取得(m_a)
19      int getA();
20      // 値の取得(m_b)
21      int getB();
22  };
23
24  #endif // _CALC_H_
```

Sample503/calc.cpp

```
01  #include "calc.h"
02
03  // デフォルトコンストラクタ
04  Calc::Calc() : m_a(0), m_b(0) {
05  }
06
07  // コンストラクタ(引数付き)
08  Calc::Calc(int a, int b) : m_a(a), m_b(b) {
09  }
10
11  // 足し算処理その1
12  int Calc::add() {
13      return m_a + m_b;
14  }
15
16  // 足し算処理その2
17  int Calc::add(int a, int b) {
```

```
18      return a + b;
19  }
20
21  //  値の設定
22  void Calc::setValue(int a, int b) {
23      m_a = a; m_b = b;
24  }
25
26  //  値の取得(m_a)
27  int Calc::getA() {
28      return m_a;
29  }
30
31  //  値の取得(m_b)
32  int Calc::getB() {
33      return m_b;
34  }
```

Sample503/main.cpp
```
01  #include <iostream>
02  #include "calc.h"
03
04  using namespace std;
05
06  int main(int argc, char** argv) {
07      Calc* pC1, * pC2;
08      pC1 = new Calc();        //  デフォルトコンストラクタ
09      pC2 = new Calc(1, 2);   //  コンストラクタ(引数あり)
10      cout << 3 << " + " << 4 << " = " << pC1->add(3, 4) << endl;
11      cout << pC2->getA() << " + "
12          << pC2->getB() << " = " << pC2->add() << endl;
13      delete pC1;
14      delete pC2;
15      return 0;
16  }
```

● 実行結果
```
3 + 4 = 7
1 + 2 = 3
```

◎ オーバーロードの概念

　Calc クラスには、コンストラクタと add 関数が複数定義されています。違うのは、引数の型だけです。

　このように、**コンストラクタを含めすべてのメンバ関数は、引数の型や数を変えることで、同じ名前のメンバ関数を複数定義することができます**。これがオーバーロードです。

◎ オーバーロードのメンバ関数の使い分け

　では、同じ名前の関数をどのようにして使い分けるのでしょうか。main.cpp の 10 ～ 12 行目に着目してみてください。

　10 行目で add 関数の呼び出すときは、int 型の引数を 2 つ渡しています。したがって、calc.h の 15 行目で宣言されている add 関数が呼び出されます。

・add関数の呼び出し①（main.cpp/10行目）
```
cout << 3 << " + " << 4 << " = " << pC1->add(3, 4) << endl;
```

　ここでの処理は、引数として渡す 3 と 4 の和である 7 が返されます。そのため「3 + 4 = 7」と表示されます。

　11、12 行目で add 関数を呼び出すときは、引数がありません。したがって、calc.h の 13 行目の add 関数が呼び出されるわけです。

・add関数の呼び出し方②（main.cpp/11、12行目）
```
cout << pC2->getA() << " + "
    << pC2->getB() << " = " << pC2->add() << endl;
```

　ここでの処理は、メンバ変数 m_a と m_b の和である 3 が返されます。そのため「1 + 2 = 3」と表示されます。メンバ変数 m_a の値が 1、メンバ変数 m_b の値が 2 になるのは、main.cpp の 9 行目で呼び出したコンストラクタの処理によるものです。その内容については後述します。

　このように、**オーバーロードされたメンバ関数は、引数の与えられ方などによって、区別されています**。

　なお、オーバーロードできるメンバ関数の数には制限がありません。このサンプルでは 2 つしか定義していませんが、引数の型もしくは数が異なれば、何個でも同じ名前のメンバ関数を定義することは可能です。

• メンバ関数のオーバーロード

```
add(3, 4);  ──────────→  int add(int a, int b);

add();  ──────────→  int add();
```

> 引数によって呼び出される
> メンバ関数が異なる

◉ コンストラクタのオーバーロード

　実はコンストラクタにもオーバーロードの概念は適用可能です。main.cpp の 8 行目のインスタンスを生成するとき、引数を渡していないので、calc.cpp の 4、5 行目で定義した引数を受け取らないコンストラクタが呼び出されます。このような引数を受け取らないコンストラクタのことを、**デフォルトコンストラクタ**と呼びます。

• デフォルトコンストラクタの呼び出し方（main.cpp/8行目）

```
pC1 = new Calc();      //  デフォルトコンストラクタ
```

　デフォルトコンストラクタの中では、メンバ変数 m_a、m_b に、それぞれ 0 を設定しています。

• デフォルトコンストラクタ内の処理（calc.cpp/4、5行目）

```
Calc::Calc() : m_a(0), m_b(0) {
}
```

　また、main.cpp の 9 行目では、2 つの整数を引数にしているので、calc.cpp の 8、9 行目で定義した引数を受け取るコンストラクタが呼び出されます。

• 引数付きコンストラクタの呼び出し方（main.cpp/9行目）

```
pC2 = new Calc(1, 2);  //  コンストラクタ（引数あり）
```

　コンストラクタで受け取った引数の値は、メンバ変数 m_a、m_b に渡されます。

• デフォルトコンストラクタ内の処理（calc.cpp/8、9行目）

```
Calc::Calc(int a, int b) : m_a(a), m_b(b) {
}
```

その結果、メンバ変数 m_a に引数 a の値である 1、メンバ変数 m_b に引数 b の値である 2 が代入されます。

● コンストラクタのオーバーロード

```
                              class Calc {
                                  :
                                  // デフォルトコンストラクタ
new Calc();                 ──→  Calc();
                                  // コンストラクタ（引数つき）
new Calc(1, 2);             ──→  Calc(int a, int b);
                                  :
     引数によって呼び出される         :
     コンストラクタが異なる
                              };
```

● コンストラクタをオーバーロードするときの注意点

クラスを定義したとき、コンストラクタのオーバーロードがなければ、デフォルトコンストラクタを省略することが可能です。ただ、**1 つでも引数のあるコンストラクタを作った場合、デフォルトコンストラクタを省略することはできません。**

次のサンプルをコンパイルしてみてください。

Sample504/sample.h
```
01 #ifndef _SAMPLE_H_
02 #define _SAMPLE_H_
03
04 class Sample {
05 public:
06     // 引数のあるコンストラクタ
07     Sample(int a);
08 };
09
10 #endif // _SAMPLE_H_
```

Sample504/sample.cpp
```
01 #include "Sample.h"
02
03 Sample::Sample(int a) {
04 }
```

Sample504/main.cpp

```
01 #include "sample.h"
02
03 int main(int argc, char** argv) {
04     Sample* p1, * p2;
05     //　引数のあるコンストラクタ
06     p1 = new Sample(1);
07     //　デフォルトコンストラクタの呼び出し(エラー)
08     p2 = new Sample();
09     return 0;
10 }
```

このプログラムをコンパイルすると、main.cpp の 8 行目でエラーが出ます。

- エラーが出る処理

```
p2 = new Sample();
```

このとき出るエラーのメッセージは以下のような内容になっています。

- コンパイルしたときに出るエラー

エラー（アクティブ）　　E0289　　コンストラクター "Sample::Sample" のインスタンスが引数リストと一致しません

このように、**引数付きのコンストラクタを定義した場合、デフォルトコンストラクタは省略できないので注意が必要です。**

注意　　引数付きのコンストラクタが 1 つでも定義されている場合、デフォルトコンストラクタは省略できません。

● オーバーライド

続いて、オーバーライドのサンプルを見てみましょう。次の Sample505 は、Car クラスと Car クラスを継承した Tank クラスを定義しています。

- Sample505のクラス

クラス	親クラス	プログラム
Car	—	car.h、car.cpp
Tank	Car	tank.h、tank.cpp

それでは、プログラムを入力・実行してみてください。

Sample505/car.h

```
01 #ifndef _CAR_H_
02 #define _CAR_H_
03
04 class Car {
05 public:
06     void drive();
07 };
08
09 #endif // _CAR_H_
```

Sample505/car.cpp

```
01 #include "car.h"
02 #include <iostream>
03
04 using namespace std;
05
06 void Car::drive() {
07     cout << "タイヤで走行する" << endl;
08 }
```

Sample505/tank.h

```
01 #ifndef _TANK_H_
02 #define _TANK_H_
03
04 #include "car.h"
05
06 class Tank : public Car {
07 public:
08     void drive();  //  オーバーライドした関数
09 };
10
11 #endif // _TANK_H_
```

Sample505/tank.cpp
```
01 #include "tank.h"
02 #include <iostream>
03
04 using namespace std;
05
06 void Tank::drive() {
07     cout << "キャタピラで走行する" << endl;
08 }
```

Sample505/main.cpp
```
01 #include "tank.h"
02 #include "car.h"
03 #include <iostream>
04
05 using namespace std;
06
07 int main(int argc, char** argv) {
08     Car* pCar = new Car();
09     Tank* pTank = new Tank();
10     pCar->drive();
11     pTank->drive();
12     delete pCar;
13     delete pTank;
14     return 0;
15 }
```

● 実行結果
```
タイヤで走行する
キャタピラで走行する
```

◉ オーバーライドの概念

　親クラスの Car と子クラスの Tank に、それぞれ drive 関数が定義されています。2つの drive 関数は、戻り値の型、および引数は同じです。

　このように、親クラスと子クラスに同じ名前、同じ戻り値の型、同じ引数をとるメンバ関数が存在する場合、子クラスのメンバ関数は、親クラスのメンバ関数をオーバーライドするといいます。

　実行結果からわかるとおり、それぞれのクラスにある drive 関数を実行すると、Car クラスのインスタンス（ポインタ変数 pCar）は「タイヤで走行する」、Tank クラスのインスタンス（ポインタ変数 pTank）は「キャタピラで走行する」と表示されま

す。**オーバーライドされたメンバ関数は、親クラスが同じメンバ関数を持っていても、原則的に子クラスに定義されたものを実行します。**

①-3 virtual 修飾子と仮想関数

POINT

- virtual 修飾子の意味と使い方を理解する
- 仮想関数の概念と実装方法について理解する
- 抽象クラスと完全仮想関数について学ぶ

● 仮想関数

ここからは、継承およびオーバーライドの応用技術である**仮想関数（かそうかんすう）**について学習します。仮想関数がどのようなものかを説明する前に、現在のクラスを継承すると発生する問題について考えてみましょう。

すでに学んだとおりクラスは、継承によってあるクラスの機能を受け継いだ新しいクラスを作ることがでます。しかし、ここに 1 つの問題点があります。それは、**親クラスから子クラスのメンバ関数を呼び出すことができないという点**です。

◉ 仮想関数が有効になるケース

例えば、鳥というクラスがあったとします。鳥クラスを継承した子クラスとして考えられるのは、「ニワトリ」や「カラス」、「はと」といったものでしょう。また、鳥クラスには「鳴く」というメンバ関数が存在したとします。

このとき、「ニワトリ」は「コケコッコー」と、「カラス」は「カァカァ」、といった具合に、鳴き方が異なります。ところが、プログラムによっては、「鳥」の種類とは無関係に、「鳴く」というメンバ関数を呼び出したい場合があるのです。そうすると、従来のオーバーライドでは不可能です。

「鳴く」というメンバ関数を呼び出したとき、鳥の種類によって、柔軟に結果が変わるようにしたいものです。そういったときに役に立つのが、仮想関数という概念です。

次の Sample506 では、親クラスの Bird を継承した Crow クラスと Chicken クラス

を定義しています。main.cpp も含めると 7 ファイルありますので、順番に入力してください。

● Sample506のクラス

クラス	親クラス	プログラム
Bird	―	bird.h、bird.cpp
Crow	Bird	crow.h、crow.cpp
Chicken	Bird	chicken.h、chicken.cpp

　まずは、親クラスの Bird から定義していきましょう。

Sample506/bird.h
```
01 #ifndef _BIRD_H_
02 #define _BIRD_H_
03
04 #include <iostream>
05 #include <string>
06
07 using namespace std;
08
09 class Bird {
10 public:
11     // 「鳴く」関数(仮想関数)
12     virtual void sing();
13     // 「飛ぶ」関数
14     void fly();
15 };
16
17 #endif // _BIRD_H_
```

Sample506/bird.cpp
```
01 #include "bird.h"
02
03 void Bird::sing() {
04     cout << "鳥が鳴きます" << endl;
05 }
06
07 void Bird::fly() {
08     cout << "鳥が飛びます" << endl;
09 }
```

続いて、Bird クラスを継承した Crow クラスを定義しましょう。

Sample506/crow.h

```
01  #ifndef _CROW_H_
02  #define _CROW_H_
03
04  #include "bird.h"
05
06  // カラスクラス
07  class Crow : public Bird {
08  public:
09      // 「鳴く」関数（仮想関数）
10      void sing();
11      // 「飛ぶ」関数
12      void fly();
13  };
14
15  #endif // _CROW_H_
```

Sample506/crow.cpp

```
01  #include "crow.h"
02
03  // 「鳴く」関数（仮想関数）
04  void Crow::sing() {
05      cout << "カーカー" << endl;
06  }
07
08  // 「飛ぶ」関数
09  void Crow::fly() {
10      cout << "カラスが飛びます" << endl;
11  }
```

さらに、Crow クラスと同じく Bird クラスを継承した Chicken クラスを定義します。

Sample506/chicken.h

```
01  #ifndef _CHICKEN_H_
02  #define _CHICKEN_H_
03
04  #include "bird.h"
05
06  // ニワトリクラス
07  class Chicken : public Bird {
08  public:
```

```
09     //  「鳴く」関数（仮想関数）
10     void sing();
11     //  「飛ぶ」関数
12     void fly();
13 };
14
15 #endif //  _CHICKEN_H_
```

Sample506/chicken.cpp
```
01 #include "chicken.h"
02
03 void Chicken::sing() {
04     cout << "コケコッコー" << endl;
05 }
06
07 void Chicken::fly() {
08     cout << "ニワトリは飛べません" << endl;
09 }
```

最後に、main.cpp です。

Sample506/main.cpp
```
01 #include <iostream>
02 #include <string>
03 #include "bird.h"
04 #include "chicken.h"
05 #include "crow.h"
06
07 using namespace std;
08
09 int main(int argc, char** argv) {
10     Bird* pBird1, * pBird2;
11     pBird1 = new Crow();
12     pBird2 = new Chicken();
13     //  鳥が飛ぶ
14     pBird1->fly();
15     pBird2->fly();
16     //  鳥が鳴く
17     pBird1->sing();
18     pBird2->sing();
19     delete pBird1;
20     delete pBird2;
21     return 0;
22 }
```

ここまでプログラムを入力したら、実行してみましょう。

- 実行結果

```
鳥が飛びます
鳥が飛びます
カーカー
コケコッコー
```

⊙ インスタンスの生成

　プログラムが実行されると、最初に Crow および Chicken クラスのインスタンスが生成されています。

- CrowおよびChickenクラスのインスタンスの生成（main.cpp/10〜12行目）

```
Bird* pBird1, * pBird2;
pBird1 = new Crow();
pBird2 = new Chicken();
```

　この部分を見て「おや？」と思われたかもしれません。ここまでのインスタンスを生成する方法と違うのは、**変数の型とインスタンスの型が違うという点**です。
　今までであれば、次のように書いてインスタンスを生成していました。

- 今までのインスタンスの生成の仕方

```
Crow* pBird1 = new Crow();
Chicken* pBird2 = new Chicken();
```

　main.cpp の 10 行目で、Bird 型のポインタ変数 pBird1、pBird2 を定義しています。しかし、ポインタ変数 pBird1 には Crow クラスのインスタンス、ポインタ変数 pBird2 には Chicken クラスのインスタンスを代入しています。

⊙ singおよびfly関数の呼び出し

　続いて、ポインタ変数 pBird1、pBird2 の fly 関数が呼び出されます。

- fly関数の実行（main.cpp/14、15行目）

```
pBird1->fly();
pBird2->fly();
```

• fly関数の実行結果
```
鳥が飛びます
鳥が飛びます
```

　ポインタ変数 pBird1、pBird2 は、それぞれ Crow および Chicken クラスのインスタンスです。しかし、それを代入しているポインタ変数は Bird 型なので、子クラスで同じメンバ関数がオーバーライドされていても、Bird クラスの fly 関数の実行結果である「鳥が飛びます」と表示されます。

　しかし、これが sing 関数の場合は、異なります。

• sing関数の実行（main.cpp/17、18行目）
```
pBird1->sing();
pBird2->sing();
```

• fly関数の実行結果
```
カーカー
コケコッコー
```

　ポインタ変数 pBird1 の場合は、Crow クラスの「カーカー」という文字列の表示処理、ポインタ変数 pBird2 の場合は、Chicken クラスの「コケコッコー」という文字列の表示処理がそれぞれ実行されます。

　一体、この違いはどこから来るのでしょうか？

◉ virtual修飾子

　Crow と Chicken クラスの親クラスである Bird クラスは、sing 関数と fly 関数が子クラスでオーバーライドされています。

　ただ、Bird クラスの sing 関数には、先頭に virtual（バーチャル）という修飾子が付いています。これにより実行結果に違いが出ます。

　virtual が付いたメンバ関数の場合、子クラスでオーバーライドされた同名のメンバ関数が実行されています。

　したがって、ポインタ変数 pBird1、pBird2 で、同じメンバ関数を呼び出しても、実行結果が異なります。仮想関数ではない fly 関数を呼び出した場合は、ポインタの型に対応した Bird クラスの fly 関数が実行されます。

● 仮想関数ではない関数を呼び出した場合の処理

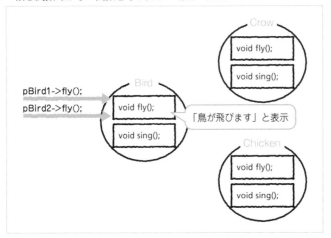

　それに対し、virtual が付いている sing 関数は、それぞれの子クラスのものが呼び出されるのです。

● 仮想関数を呼び出した場合の処理

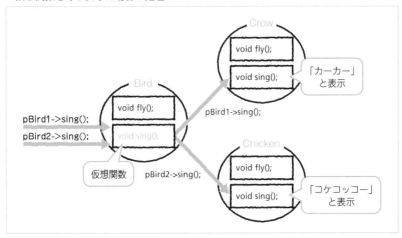

重要　親クラスの仮想関数を呼び出すことにより、オーバーライドされた子クラスの同名のメンバ関数を実行することができます。

抽象クラスと純粋仮想関数

前述の「鳥」の例について再び考えてみましょう。

「鳥」を表すクラスとして「Bird」というクラスを作りました。しかし考えてみてください。「ニワトリ」という名の鳥、もしくは、「カラス」という鳥は実在しますが、「鳥」という名の鳥は存在するでしょうか？

もちろん、そういったものは実際には存在しません。そのため、Bird クラスに、sing という関数があるのはわかりますが、そこに何らかの実装があるのはなんだか変な感じがします。

● 抽象クラス

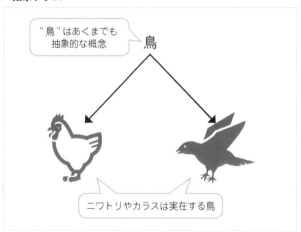

そこで、C++ では、そういった概念に対応できるような方法も用意されています。

Sample506 を改良したプログラムを試してみましょう。新規プロジェクトの Sample507 を作成してください。Sample507 を作成したら、crow.h、crow.cpp、chicken.h、chicken.cpp を新規作成し、プログラムは Sample506 で作成した同名のファイルからコピーしてください。

bird.h、bird.cpp、main.cpp は、新たに次のプログラムを入力しましょう。

Sample507/bird.h
```
01 #ifndef _BIRD_H_
02 #define _BIRD_H_
03
04 #include <iostream>
05 #include <string>
06
07 using namespace std;
08
09 class Bird {
10 public:
11     // 「鳴く」関数（純粋仮想関数）
12     virtual void sing() = 0;
13     // 「飛ぶ」関数
14     void fly();
15 };
16
17 #endif // _BIRD_H_
```

Sample507/bird.cpp
```
01 #include "bird.h"
02
03 void Bird::fly() {
04     cout << "鳥が飛びます" << endl;
05 }
```

Sample507/main.cpp
```
01 #include <iostream>
02 #include <string>
03 #include "bird.h"
04 #include "chicken.h"
05 #include "crow.h"
06
07 using namespace std;
08
09 int main(int argc, char** argv) {
10     Bird* b1, * b2, * b3;
11     b1 = new Crow();
12     b2 = new Chicken();
13     //b3 = new Bird();
14     b1->sing();
15     b2->sing();
16     b1->fly();
```

```
17   b2->fly();
18   delete b1;
19   delete b2;
20   return 0;
21 }
```

実行結果は Sample506 と同じなので省略します。

◉ 純粋仮想関数

bird.h の 12 行目の仮想関数に注目してみてください。後ろに「=0」を付けて、bird.cpp での実装（定義）を省略しています。こういった仮想関数のことを、**純粋仮想関数（じゅんすいかそうかんすう）** といいます。

● 純粋仮想関数と抽象クラス

```
virtual void sing()=0;
```

純粋仮想関数はメンバ関数の宣言そのものは存在するけれども実装がない関数です。実装は、このクラスを継承した子クラスにされることが前提となっています。

このような、純粋仮想関数を 1 つでも持つクラスのことを、**抽象クラス（ちゅうしょうクラス）** といいます。「ニワトリ」や「カラス」と違い「鳥」という抽象的な概念であったのと同じことです。

◉ 抽象クラスとインスタンス

抽象クラスの最大の特徴は、インスタンスを作ることができないということです。
試しに、main.cpp の 13 行目にある「//」を消して、以下のように変えてみてください。

● 抽象クラスのインスタンスを生成（「//」を消す）

```
b3 = new Bird();
```

再びプログラムのコンパイルをすると、次のようなエラーメッセージが出てきます。

● 抽象クラスのインスタンスを生成するときのエラーメッセージ

```
エラー  C2259 'Bird'：抽象クラスをインスタンス化できません。
エラー （アクティブ）E0322 抽象クラス型 "Bird" のオブジェクトは使用できません：
```

このエラーが出る理由は、抽象クラスがインスタンス化できないためです。

◎ 抽象クラスが存在する意義

　抽象クラスは、新しいクラスを作るときの「型」として使用することができます。ここまでのサンプルは、Crow クラス（カラス）と Chicken クラス（ニワトリ）だけでしたが、Duck（アヒル）や Peacock（クジャク）といったクラスを新しく作らなくてはならないケースもあるかもしれません。そのようなときは、抽象クラス Bird を継承し、必要なメンバ関数（sing）を実装するだけで新しいクラスができてしまいます。

　また、複数の種類の鳥のクラスをまとめて管理したいときにも、抽象クラスがあると便利です。

　このように、抽象クラスを用いると、オブジェクト指向プログラミングが効率化できるのです。

● 仮想デストラクタ

　デストラクタには virtual 修飾子を付ける必要がある、とすでに説明しました（183 ページ参照）。ここでは改めて、その理由を説明しましょう。まずは、以下のサンプルを入力・実行してみてください。

Sample508/p1.h
```
01 #ifndef _P1_H_
02 #define _P1_H_
03
04 #include <iostream>
05
06 using namespace std;
07
08 class P1 {
09 public:
10     P1() { cout << "P1のコンストラクタ" << endl;  }
11     ~P1() { cout << "P1のデストラクタ" << endl; }
12 };
13
14 #endif // _P1_H_
```

Sample508/p2.h
```
01 #ifndef _P2_H_
02 #define _P2_H_
03
04 #include <iostream>
05
06 using namespace std;
07
08 class P2 {
09 public:
10     P2() { cout << "P2のコンストラクタ" << endl; }
11     virtual ~P2() { cout << "P2のデストラクタ" << endl; }
12 };
13
14 #endif // _P2_H_
```

Sample508/c1.h
```
01 #ifndef _C1_H_
02 #define _C1_H_
03
04 #include "p1.h"
05
06 using namespace std;
07
08 class C1 : public P1{
09 public:
10     C1() { cout << "C1のコンストラクタ" << endl; }
11     ~C1() { cout << "C1のデストラクタ" << endl; }
12 };
13
14 #endif // _C1_H_
```

Sample508/c2.h
```
01 #ifndef _C2_H_
02 #define _C2_H_
03
04 #include "p2.h"
05
06 using namespace std;
07
08 class C2 : public P2 {
09 public:
10     C2() { cout << "C2のコンストラクタ" << endl; }
```

```
11    ~C2() { cout << "C2のデストラクタ" << endl; }
12  };
13
14  #endif // _C2_H_
```

Sample508/main.cpp
```
01  #include <iostream>
02  #include "p1.h"
03  #include "p2.h"
04  #include "c1.h"
05  #include "c2.h"
06
07  using namespace std;
08
09  int main(int argc, char** argv) {
10      cout << "*** 仮想デストラクタなし **" << endl;
11      P1* pC1 = new C1();
12      delete pC1;
13      cout << "*** 仮想デストラクタあり **" << endl;
14      P2* pC2 = new C2();
15      delete pC2;
16      return 0;
17  }
```

● 実行結果
```
*** 仮想デストラクタなし **
P1のコンストラクタ
C1のコンストラクタ
P1のデストラクタ
*** 仮想デストラクタあり **
P2のコンストラクタ
C2のコンストラクタ
C2のデストラクタ
P2のデストラクタ
```

◎ デストラクタにvirtual修飾子を付ける理由

C1 は P1 を、C2 は P2 をそれぞれ親クラスとして持つ子クラスです。main.cpp の11 行目、14 行目でインスタンスを生成して消去した場合、C1 クラスのインスタンスはデストラクタ実行されないのに対し、C2 クラスのインスタンスはデストラクタが実行されます。

C1 クラスのデストラクタに virtual 修飾子が付いていないので、delete 時には P1 クラスのデストラクタのみが実行され、C1 クラスのデストラクタは実行されません。

● 仮想デストラクタ

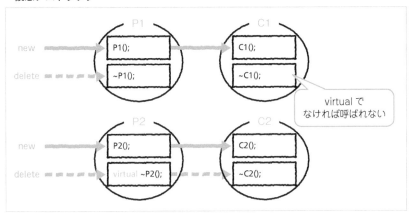

このような場合、**もしも子クラスのデストラクタに、生成したメモリの解放などといった重要な処理がある場合、それが実行されず、システムに致命的な不具合が発生する可能性があります。**

それに対し、**virtual 修飾子を付ければ、子クラスのデストラクタが実行されたのちに、親クラスのデストラクタが実行される**のでそのような心配はなくなります。

このように仮想関数にしたデストラクタのことを、**仮想デストラクタ**といいます。継承して利用される可能性のあるクラスのデストラクタは、必ず仮想デストラクタにしましょう。

5日目

継承とポリモーフィズム

練習問題

 ◦ 正解は 308 ページ

 問題 5-1 ★☆☆

Sample507 に、Bird クラスを継承した Sparrow（スズメ）クラスを追加しなさい。
なお、このクラスの各関数は、以下の処理を行うものとする。

関数名	処理内容
sing	「チュンチュン」と表示する
fly	「スズメが飛びます」と表示する

　さらに、クラスを定義したら、new 演算子でインスタンスを生成し、Bird クラス
のポインタ変数 b3 に代入しなさい。
　そして最後に Crow、Chicken クラスと同様に sing、fly 関数を実行し、最後に
delete 演算子でインスタンスを消去しなさい。

◦ **期待される実行結果**
鳥が飛びます
鳥が飛びます
鳥が飛びます
カーカー
コケコッコー
チュンチュン

6日目

テンプレートと STL

1 テンプレート

- ● テンプレートの考え方を理解する
- ● テンプレートを使い汎用性の高いプログラムを作る

1-1 テンプレートを使う

- テンプレートを使い汎用性の高いプログラムを作る
- テンプレートを関数とクラスで用いる
- inline 修飾子の使い方を理解する

● テンプレートとは何か

C++ に限らず、オブジェクト指向の言語でプログラミングをする際に意識されることが、処理になるべく汎用性を持たせるという点です。

同じような処理を何度も作るのではなく、できるだけ少ない記述でさまざまな処理を実行できることが求められます。

そのようなコーディングを実現する手段はいくつかありますが、ここではそのうち、テンプレートと呼ばれる仕組みについて説明していきます。

◉ 型の違い

今まで学習してきた C++ は、変数やクラスの型などを厳密に区別する必要がありました。わかりやすい例として、＋演算子の場合を紹介します。

＋演算子は、数値でも利用できますし、string クラスでも使われます。例えば数値の場合は、次のように数値の和を表す演算を行います。

- **数値における+演算子の利用方法**
```
4 + 3 → 7
```

　これに対し、string クラスの場合は、文字列同士を結合させます。

- **stringクラスにおける+演算子の利用方法**
```
"ABC" + "DEF" → "ABCDEF"
```

　状況によって、+ 演算子の動きが異なります。そのため、これらの処理を関数にする場合は、数値の和を求める関数、文字列を結合する関数という形で別々に用意しなくてはなりません。

　次の例では、add 関数が 2 つ定義されています。1 つ目は int 型の引数を 2 つ受け取って足し算を行う関数、2 つ目は string 型の引数を 2 つ受け取って文字列を結合する関数です。

Sample601/main.cpp
```cpp
01 #include <iostream>
02 #include <string>
03
04 using namespace std;
05
06 // 数値の加算をする演算
07 int add(int n1, int n2) {
08     return n1 + n2;
09 }
10 // 文字列を結合する関数
11 string add(string s1, string s2) {
12     return s1 + s2;
13 }
14
15 int main(int argc, char** argv) {
16     // 整数同士の加算
17     cout << add(4, 3) << endl;
18     // 文字列同士の結合
19     cout << add("Hello", "World") << endl;
20     return 0;
21 }
```

- **実行結果**

```
7
HelloWorld
```

ほぼ同じように見えるプログラムでも、型にあわせて別々に定義する必要があるのです。

関数テンプレート

関数テンプレートを使えば、1つの関数定義で複数の機能を持たせることが可能です。

次のサンプルは、Sample601と同様の処理を、関数テンプレートを用いて記述しています。入力・実行してみてください。

Sample602/main.cpp

```
01 #include <iostream>
02 #include <string>
03
04 using namespace std;
05
06 // 関数テンプレート
07 template <typename T>
08 T add(T x, T y) {
09     return x + y;
10 }
11
12 int main(int argc, char** argv) {
13     cout << add<int>(4, 3) << endl;            // int型の利用
14     cout << add<string>("ABC", "DEF") << endl; // string型の引数
15     cout << add(1, 2) << endl;   // 両方ともint型の場合、型指定省略可能
16     //cout << add(1, 2.3) << endl;    // 型が不一致の場合、使えない
17     return 0;
18 }
```

・ **実行結果**

```
7
ABCDEF
3
```

このプログラムでは、addという関数が使われていますが、関数を呼び出すとき、関数名のあとに、<int> を付ければ整数の足し算をする関数として、<string> を付ければ文字列を結合する関数として利用できます。

◉ 関数テンプレートの定義

テンプレートの定義は、7 行目で行っています。

• テンプレートの定義

```
template <typename T>
```

7 行目に続く関数が、関数テンプレートであることを示しています。

「T」が**テンプレート引数**と呼ばれるもので、引数の型を表します。8 行目の関数定義部分の「T」を int や string といった型に対応させて、型の異なる関数をまとめて定義しているのです。一般にテンプレート引数は、アルファベット 1 文字で表現されます。S や T といった名前がよく使われます。

続いて、テンプレート引数を利用した関数テンプレートを定義します。

• 関数テンプレートの定義

```
T add(T x, T y){
    return x + y;
}
```

◉ 関数テンプレートの利用

では、定義された関数テンプレートは、どのように利用されるのでしょうか？ サンプルの 13、14 行目を見てください。13 行目は int 型の引数、14 行目は string 型の引数を渡しています。

• 関数テンプレートの呼び出し（テンプレートの型指定を伴うもの）

```
add<int>(4,3);
add<string>("ABC", "DEF");
```

このように、< > でデータ型、もしくはクラス名を囲えば、**テンプレートの T にあたる部分がこの型、もしくはクラスとなって、その関数を利用できるわけです。**

- 関数テンプレートのイメージ

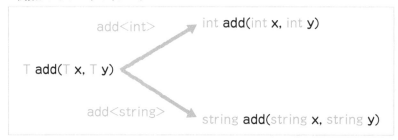

　したがって、型、およびクラスごとに同じ処理をする関数を多数定義する必要はありません。

◉ テンプレート型指定の省略

　また、15行目のように、引数の型がはっきりしていれば、< > を省略することができます。

- テンプレートの型指定を省略できるケース

```
add(1, 2)       ◀──── 引数が明らかに両方とも整数なので省略できる
```

　どちらも明らかに int 型であり、このようにはっきりした場合は、省略可能です。ただし、次のようなケースは例外です。

- テンプレートの型指定が省略できないケース

```
add(1, 2.3)     ◀──── 両方の型が異なる
```

　16行目の「//」を消してみてください。コンパイルエラーが発生します。

- あいまいな型指定をした場合に出力されるコンパイルエラー

重大度レベル　コード　説明　プロジェクト　ファイル　行　抑制状態
エラー（アクティブ）E0304　関数テンプレート "add" のインスタンスが引数リストと一致しません　Sample602 C:\Users\shift\source\repos\Sample602\Sample602\main.cpp 16
エラー　C2672 'add'：一致するオーバーロードされた関数が見つかりませんでした。Sample602 C:\Users\shift\source\repos\Sample602\Sample602\main.cpp 16

エラー C2782 'T add(T,T)': テンプレート のパラメーター 'T' があいまいです。
Sample602 C:\Users\shift\source\repos\Sample602\Sample602\main.cpp 16
エラー C2784 'T add(T,T)': テンプレート 引数を 'T' に対して 'double'
から減少できませんでした Sample602 C:\Users\shift\source\repos\
Sample602\Sample602\main.cpp 16

　理由は、第1引数がint型であるのに対し、第2引数が小数点の付いた数値であることから、double型となり、1つのテンプレートに異なるデータ型を指定していることから、エラーになります。

　以上のことから、**テンプレートを用いる際には、必ず型・およびクラスを明確に指定してから使用することが推奨されます。**

● クラステンプレート

　関数に続き、今度はクラスにテンプレートが適用された場合のサンプルを見てみましょう。まずは、以下のサンプルを実行してみてください。

Sample603/calc.h
```
01 #ifndef _CALC_H_
02 #define _CALC_H_
03
04 template<typename T>
05 class Calc {
06 private:
07     T m_n1;
08     T m_n2;
09 public:
10     inline void set(const T n1, const T n2) {
11         m_n1 = n1; m_n2 = n2;
12     }; // 引数のセット
13     inline T add() const {
14         return m_n1 + m_n2;
15     } // 計算結果
16 };
17
18 #endif // _CALC_H_
```

Sample603/main.cpp

```
01 #include <iostream>
02 #include <string>
03 #include "calc.h"
04
05 using namespace std;
06
07 int main(int argc, char** argv) {
08     Calc<int> i1;
09     Calc<string> i2;
10     i1.set(1, 2);
11     i2.set("ABC", "DEF");
12     cout << i1.add() << endl << i2.add() << endl;
13     return 0;
14 }
```

・ 実行結果

```
3
ABCDEF
```

◉ ヘッダーでのクラスの定義

　プログラムの解説に入る前に、このソースコードには注意すべき点があるので、まずはその点について説明していきましょう。クラステンプレートのファイル（calc.h）には、先頭にテンプレートの宣言があり、関数の場合と同じです。

　ただ、見てわかるとおり、サンプルには calc.h に対応する .cpp ファイルがありません。クラステンプレートの定義は、ヘッダーに記述をするためです。

◉ クラステンプレートの実装

　では、以上を踏まえ、calc.h の中身を見てみましょう。このプログラムを見ると、calc.h の4行目で、クラステンプレートの宣言を行っています。

・ クラステンプレートの宣言

```
template<typename T>
class Calc {
    ...
};
```

これから、テンプレート T をこのプログラムの中で利用するということを宣言しています。

したがってクラスの中で **T という文字が出てくると、その部分を任意のデータ型・クラスに変更できるということを意味しているのは、関数テンプレートの場合と変わりません。**

続いて main.cpp の 8、9 行目を見てみましょう。

● **クラステンプレートのインスタンスの生成**

```
Calc<int> i1;
Calc<string> i2;
```

これにより、変数 i1 は T に int、変数 i2 は T に string が入ります。この点は、関数テンプレートの場合とまったく同じです。

● **クラステンプレートのイメージ（intを指定した場合）**

```
template<typename T> class Calc {
private:
        T m_n1;
        T m_n2;
public:
        inline void set(const T n1, const T n2) {
                m_n1 = n1; m_n2 = n2;
        }; // 引数のセット
        inline T add() const {
                return m_n1 + m_n2;
        } // 計算結果
};
```

Calc<int> ⟹

```
class Calc {
private:
        int m_n1;
        int m_n2;
public:
        inline void set(const int n1, const int n2) {
                m_n1 = n1; m_n2 = n2;
        };
        inline int add() const {
                return m_n1 + m_n2;
        }
};
```

以上で、Sample603 のプログラムの処理自体の説明は終わりですが、ここでは新たに **inline（インライン）修飾子**および **const（コンスト）修飾子**が登場します。

const 修飾子はインスタンスのポインタおよび参照を渡す場合、引数の状態が変更されないことを保証するものです（詳細は 266 ページ）。inline 修飾子については次に説明します。

インライン関数

calc.h の 10、13 行目に、inline という修飾子が付いています。inline 修飾子が付いた関数は、**インライン関数**と呼ばれ、コンパイル時に**インライン展開**されます。では、インライン展開とは何でしょう？

inline 修飾子が付いていない通常の関数は、コンパイルされたアセンブラの中で、プログラムの流れとは別の部分に記述され、必要なときだけ呼び出されます。しかし、**インライン関数は、処理が呼び出し元に直接埋め込まれるため、処理速度が向上する**というメリットがあります。

● インライン関数のイメージ

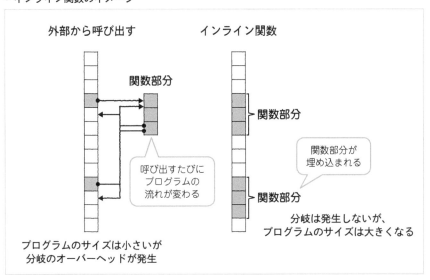

インライン関数とデメリット

ただ、インライン関数を使ってはいけないケースもあります。

頻繁に呼び出されるうえ処理が長い関数の場合は、ビルドされて生成されたソースコードが大きくなってしまいます。また、インライン展開は、コンパイラに依存する部分が多く、どのようなコードに使用しても必ず効果があるというわけではありません。

なお、インライン関数は、テンプレートの場合と同様に、ヘッダー内に処理を記述します。

注意

inline 関数の処理は短めにする必要があります。

テンプレートとポリモーフィズム

ポリモーフィズムの種類として、オーバーライドおよびオーバーロードが存在するということはすでに説明しましたが、実はクラステンプレートもまたポリモーフィズムの一種であるといえます。

その性質から、前者をアドホック多相、後者をパラメータ多相などという呼び方をします。

2 STL

- ▷ STL の種類と役割を知る
- ▷ STL と配列変数の違いを理解する
- ▷ STL の使い方を学ぶ

2-1 STL によるデータ管理

- STL の概念と役割を知る
- STL と配列変数はどう違うかを理解する
- STL を使ってさまざまなデータ管理の仕組みを実現する

● STL とは何か

C++ で最も大事な概念の 1 つである、**STL（エスティーエル）** について学習します。STL とは、**Standard Template Library（スタンダード・テンプレート・ライブラリ）** の略で、標準テンプレートライブラリともいいます。

すでに学習したテンプレートを応用したものであり、「標準」と名の付くとおり、現在では C++ の標準的な機能の 1 つとして広く用いられています。

STL の役割は、大量のデータを効率的に利用するためにあり、目的に応じてさまざまなクラスが用意されています。

◦ 配列とSTL

STL には、さまざまな機能がありますが、ここでは、配列のように複数のデータをまとめて管理できるクラスについて説明します。具体的にいえば、vector、list、map といったクラスです。種類は違いますが、どれも配列の概念を拡張したものです。

配列変数は、あらかじめ大きさの定まったものであり、途中で大きさを変えるわけにはいきません。そのためファイルの読み込みなど、あらかじめ確保する配列のサイズ（大きさ）がわからないようなケースには不向きです。

そこで便利なのが STL です。STL のクラスはいずれもサイズを意識せずに配列のように使えますが、それぞれ独自の特徴があります。

vector クラス

まずは、利用頻度も高く、扱いやすい vector クラスについて説明します。

vector クラスは、サイズを意識せずに使える**動的配列（どうてきはいれつ）**と呼ばれる配列の一種です。それに対し、今まで学習してきた、大きさが固定された配列のことを、**静的配列（せいてきはいれつ）**と呼びます。

静的配列には、あらかじめ確保するメモリの容量がはっきりしているというメリットがありますが、どのくらいのメモリを確保しなくてはならないか不明確な場合には不向きです。そんなとき便利なのが、この動的配列なのです。

重要　vector クラスのインスタンスは、長さを自由に変えることができる配列として扱うことができます。

次のサンプルは、vector クラスを使っています。入力・実行してみましょう。

Sample604/main.cpp
```
01  #include <iostream>
02  #include <string>
03  #include <vector>
04
05  using namespace std;
06
07  int main(int argc, char** argv) {
08      vector<int> v1;
09      vector<string> v2;
10      v1.push_back(1);
11      v1.push_back(2);
12      v1.push_back(3);
13      v2.push_back("ABC");
14      v2.push_back("DEF");
15      for (int i = 0; i < v1.size(); i++) {
```

```
16          cout << "v1[" << i << "]=" << v1[i] << endl;
17      }
18      for (int i = 0; i < v2.size(); i++) {
19          cout << "v2[" << i << "]=" << v2[i] << endl;
20      }
21      return 0;
22  }
```

● 実行結果
```
v1[0]=1
v1[1]=2
v1[2]=3
v2[0]=ABC
v2[1]=DEF
```

では、プログラムの流れを見ながら、vector クラスの解説をしていきます。まずは、3 行目を見てください。

● vectorクラスのインクルード
```
#include <vector>
```

ここでは、vector クラスをインクルードしています。vector クラスを利用する際には、必ずこのヘッダーをインクルードしてください。また、vector クラスに限らず、**STL は標準名前空間を利用するので、必ず標準名前空間を使えるようにしてください。**サンプルでは、5 行目で名前空間を指定しています。

続いて、vector クラスの利用方法を見てみましょう。8、9 行目を見てください。

● vectorによる動的配列の宣言
```
vector<int> v1;
vector<string> v2;
```

ここでは、テンプレートを用いて、配列の型を宣言しています。この場合、変数 v1 は int 型、変数 v2 は string 型の配列にしています。続いて、変数 v1、v2 に値を入れていくのが、10 ～ 14 行目で呼び出している **push_back 関数**です。

● 変数v1、v2への値の代入

```
v1.push_back(1);
v1.push_back(2);
v1.push_back(3);
v2.push_back("ABC");
v2.push_back("DEF");
```

　これにより、変数 v1 の要素は、1、2、3 と設定されています。変数 v2 についても同様で、"ABC"、"DEF" が入ります。

● 要素の追加（v1の場合）

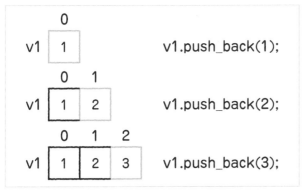

サイズの取得と、要素へのアクセス

　以上のようにして、vector クラスのインスタンスに要素を追加することができました。次は、要素のアクセスについて説明します。まず、要素の取得に先立ち、配列の大きさの取得方法を説明しましょう。vector クラスのインスタンスから、配列の大きさを取得するには、size 関数を使います。

● size関数で大きさを取得する

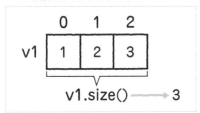

15 行目と 18 行目を見てください。変数 v1、v2 に対し size 関数を使って大きさを取得してから、要素にアクセスしています。要素へのアクセスは、配列変数と同じで、[ ] の中に 0 から始まる番号を入れることにより、取得できます。

● 要素へのアクセス例

```
vector<int> v;
```

…（中略）…

```
v[2] = 4;                         ← 値の代入
cout << v[2] << endl;             ← 値の取得
```

vector クラスのインスタンスは、配列変数と同じように扱えるのが特徴です。実際に、そのような操作を行うサンプルを入力・実行してみましょう。

Sample605/main.cpp

```
01 #include <iostream>
02 #include <string>
03 #include <vector>
04
05 using namespace std;
06
07 int main(int argc, char** argv) {
08     vector<int> v;
09     v.push_back(1);
10     v.push_back(2);
11     v.push_back(3);
12     v[2] = 4;
13     for (int i = 0; i < v.size(); i++) {
14         cout << "v[" << i << "]=" << v[i] << endl;
15     }
16     return 0;
17 }
```

● 実行結果

```
v[0]=1
v[1]=2
v[2]=4
```

このプログラムでは、最初に push_back 関数を 3 回呼び出して、v[0]=1、v[1]=2、v[2]=3 の状態にしています。しかし、12 行目の「v[2]=4;」を実行することで、v[2]

の値が 3 から 4 に変化しています。

　vector クラスの使い方は、このほかにもさまざまな使い方があり、ここまでの説明は序の口にすぎません。リファレンスなどを参考にして、さまざまな使い方を試してみましょう。

　なお、vector クラスの主要なメンバ関数としては次のようなものがあります。

● vectorクラスの主なメンバ関数

関数名	意味
push_back(値)	要素の追加
clear()	要素のクリア
size()	配列の大きさを得る関数
capacity()	動的配列に追加できる要素の許容量
empty()	要素が空かどうかを調べる

● list クラス

　続いて list(リスト)クラスを使った簡単なサンプルを見てみましょう。list クラスは、vector クラスと似ていますが、使い方が少し異なります。まずは、以下のもっとも基本的なサンプルを入力し、実行してみてください。

Sample606/main.cpp
```
01 #include <iostream>
02 #include <list>
03
04 using namespace std;
05
06 int main(int argc, char** argv) {
07     list<int> li;
08     li.push_back(1);    //  後ろにデータを挿入
09     li.push_back(2);    //  後ろにデータを挿入
10     li.push_front(3);   //  前にデータを挿入
11     list<int>::iterator itr;   //  イテレータの宣言
12     //  データの挿入
13     itr = li.begin();   //  イテレータを先頭に設定
14     itr++;              //  1つ移動
15     li.insert(itr, 4);  //  値の挿入
16     //  データの表示
17     for (itr = li.begin(); itr != li.end(); itr++) {
18         cout << *itr << " ";
```

```
19      }
20      cout << endl;
21      return 0;
22  }
```

● 実行結果

```
3 4 1 2
```

list クラスを利用するには、list ヘッダーをインクルードする必要があります。また、名前空間 std の利用も忘れてはいけません。

◎ データの挿入

list クラスも vector クラスと同様に、指定した型やクラスのデータを格納できます。プログラムを実行すると、まず 8、9 行目の push_back 関数の処理で、先頭から順に、1、2 が挿入されます。

そのあと、10 行目の push_front 関数で、先頭にデータが挿入され、リストの中身は { 3, 1, 2 } となります。

● list型へのデータの挿入イメージ

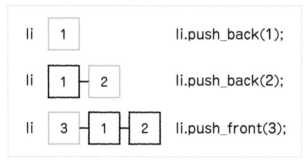

この点が、vector クラスと list クラスの違いの 1 つです。**vector クラスは動的配列であることから、配列のインデックスが変わってしまうような、前へのデータの挿入はできません。**

それに対して、**list クラスは任意の位置に自由にデータを挿入することができるの**です。

重要　list は vector と違い、任意の位置にデータを挿入可能です。

◉ イテレータとデータの挿入

　list クラスのインスタンスは、vector クラスのインスタンスや配列のように、インデックスを使うことができません。では、どのようにして要素にアクセスするのでしょうか？　そのカギを握るのは、**イテレータ（iterator）** と呼ばれるものです。

　イテレータは、list や vector の要素にアクセスするための一種のポインタのようなもので、11 行目で宣言されている変数 itr がイテレータを代入する変数になります。

● イテレータを代入する変数の宣言
```
list<int>::iterator itr;
```

　次に、変数 li の要素にアクセスするために、変数 itr にイテレータを代入する必要があります。

　その処理を行っているのが 13 行目で使用されている begin 関数です。begin 関数の戻り値はイテレータで、リスト内の先頭へアクセスを可能にします（①）。

● イテレータをリストの先頭に
```
itr = li.begin();
```

　さらに、14 行目の「itr++」で、アクセス先を先頭より 1 つ後ろに移動します（②）。次に、15 行目の「li.insert(itr, 4);」で、変数 li に要素を挿入（追加）しています（③）。

● イテレータの次に値を挿入
```
insert(イテレータ，値);
```

　この処理により、変数 li の中身は、{ 3, 4, 1, 2 } となります。

6日目

テンプレートとSTL

・イテレータを使った途中へのデータの挿入

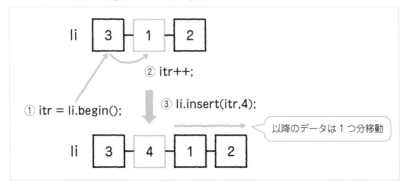

◉ イテレータを使って各要素にアクセスする

では、リストの各要素へアクセスをするにはどうすればよいのでしょうか？ すべ ての要素にアクセスするときは、イテレータのループをよく利用します。17行目を 見てください。

・イテレータですべての要素へのアクセスする

```
for (itr = li.begin(); itr != li.end(); itr++)
```

前述のように、begin関数を呼び出すと、配列の先頭にアクセスできます。さらに、 end関数で、最後の要素にアクセスしたかを判定できます。

そのため、このように先頭から最後にたどり着くまでインクリメントを繰り返すこ とにより、すべての要素にアクセスすることができます。

なお、要素の値へのアクセスするときもイテレータを使います。このサンプルの場 合、変数itrがイテレータですので、*itrによってアクセスします。

・イテレータから要素へアクセス

```
cout << *itr << " ";
```

ループの最初では変数itrはli.begin()の戻り値と等しいので、このとき*itrの値は 3となります（①）。

itr++が実行され、イテレータが1つ移動すると、*itrの値は4となります（②）。

このようなことを繰り返し、変数itrが最後の要素である2になった段階（④）で

さらに itr++ が実行されると、変数 itr の値は itr.end() になります（⑤）。

これによってこのループの処理は終了します。

● イテレータを使ってリストの全要素にアクセス

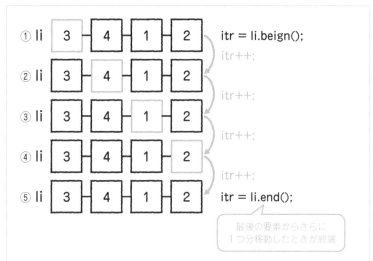

 li.begin() は要素の先頭を表すのに対し、li.end() が最後の要素を表すわけではありません。

注意

● vector クラスと list クラスの違い

さて、vector クラスと list クラスは、大変似ているように思います。では一体、どこが違い、どこが同じなのでしょうか？　そこで、ここでは両者の共通点と違いに注目してみましょう。

Sample607/main.cpp

```cpp
01 #include <iostream>
02 #include <string>
03 #include <vector>
04 #include <list>
05
06 using namespace std;
```

```
07
08  int main(int argc, char** argv) {
09      vector<string> v;
10      list<string> l;
11      v.push_back("HELLO");
12      v.push_back("WORLD");
13      l.push_back("hello");
14      l.push_back("world");
15      l.push_back("!");
16      //  vectorでのイテレータ
17      vector<string>::iterator i1;
18      list<string>::iterator i2;
19      cout << "--- vectorの要素の表示 --" << endl;
20      for (i1 = v.begin(); i1 != v.end(); i1++) {
21          cout << *i1 << endl;
22      }
23      //  listの要素の削除
24      i2 = l.begin();
25      l.remove(*i2);        //  要素の削除(listにしかできない)
26      cout << "--- listの要素の表示 --" << endl;
27      for (i2 = l.begin(); i2 != l.end(); i2++) {
28          cout << *i2 << endl;
29      }
30      return 0;
31  }
```

• 実行結果

```
--- vectorの要素の表示 --
HELLO
WORLD
--- listの要素の表示 --
world
!
```

◉ vectorクラスとlistクラスの共通点と相違点

20 ～ 22 行目までが、vector 型のイテレータを使った処理です。つまり、vector 型でも list 型と同様、イテレータを使用することができます。

それに対し、25 行目のような処理は list クラスのインスタンスでしかできません。remove 関数は、list クラスのインスタンスから、指定されたイテレータの値を削除するものであり、vector クラスに remove 関数は存在しません。

◉ データの削除

この処理は、リストの中から指定したイテレータに該当する要素を削除するものです。

● リスト内からのデータの削除

```
l.remove(*i2);
```

変数 i2 は、l.begin() の戻り値が代入されており、この場合リスト内の最初の要素が削除されます。そのためもともと 3 つ要素があった変数 l の要素数は 2 となります。

● リストから要素を削除するメカニズム

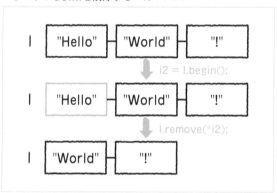

◉ vectorクラスとlistクラスの特徴

一見すると似たような概念の vector クラスと list クラスですが、考え方には根本的に違いがあります。

vector クラスはあくまでも配列の延長上の概念で、サイズを最初に指定しなくても使えることが主眼になっています。そのため、**任意の場所に要素を追加したり、削除したりすることが使用の主な目的ではありません。**

それに対し、**list クラスは任意の場所の要素が削除されたり、挿入されたりするような使用方法を想定しています。**

したがって、要素の位置や順番が変化することから、配列とは異なり、インデックスで管理することはできません。そのため、管理はもっぱらイテレータを使うことになります。

237

注意 list クラスは vector クラスと違い、配列を番号で管理しないので、個々のデータにアクセスするためにはイテレータが必要です。

　最後に、list クラスの主なメンバ関数を紹介します。vector クラス同様、list クラスにはこれら以外にもさまざまなメンバ関数があります。特に使用頻度の高いものは以下のものになります。

• listクラスの主なメンバ関数

関数名	意味
push_front(値)	先頭に要素を追加する
push_back(値)	末尾に要素を追加する
pop_front()	先頭の要素を削除する
pop_back()	末尾の要素を削除する
insert(イテレータ, 値)	要素を挿入する
remove()	要素を削除する
clear()	全要素を削除する

例題 6-1 ★☆☆

　以下のようにキーボードから正の整数を複数入力し、0以下の数値を入力すると入力が終了、そこまで入力してきた正の整数の値の一覧が表示して、さらにその合計値が表示されるプログラムを作りなさい。

● **実行結果の例**

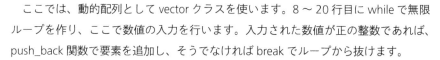

```
数値を入力:5          正の整数を入力し Enter キーを押す
数値を入力:2          正の整数を入力し Enter キーを押す
数値を入力:4          正の整数を入力し Enter キーを押す
数値を入力:3          正の整数を入力し Enter キーを押す
数値を入力:1          正の整数を入力し Enter キーを押す
数値を入力:-1         0以下の整数を入力し Enter キーを押す
5 2 4 3 1
合計:15
```

 解答例と解説

　ここでは、動的配列として vector クラスを使います。8〜20行目に while で無限ループを作り、ここで数値の入力を行います。入力された数値が正の整数であれば、push_back 関数で要素を追加し、そうでなければ break でループから抜けます。

　次に、合計値を入れる変数 sum を22行目で0で初期化し、25〜28行目の for ループで、イテレータを用いて入力された値を表示しながら合計値の計算を行います。

　ループを抜けたあと、30行目で合計値を表示します。

Example601/main.cpp
```
01  #include <iostream>
02  #include <vector>
03
04  using namespace std;
05
06  int main(int argc, char** args) {
07      vector<int> v;
08      while (true) {
09          int num;
10          cout << "数値を入力:";
11          cin >> num;
```

```
12        if (num > 0) {
13            //  正の数の場合入力した数値をベクターに追加
14            v.push_back(num);
15        }
16        else {
17            //  正の数でなければループから抜ける
18            break;
19        }
20    }
21    //  合計値の初期化
22    int sum = 0;
23    //  すべての値を表示しながら合計を表示
24    vector<int>::iterator itr;
25    for (itr = v.begin(); itr != v.end(); itr++) {
26        cout << (*itr) << " ";
27        sum += (*itr);
28    }
29    cout << endl;
30    cout << "合計:" << sum << endl;
31    return 0;
32 }
```

　値を表示する際のループはイテレータを用いましたが、vector クラスのインスタンスは配列と同様に番号で値にアクセスできるので、そのようにプログラムを書き換えることも可能です。

　また、ここでは vector クラスを使って処理を記述しましたが、list クラスを使っても同様の処理を行うことができます。

2 連想配列・集合・スタックとキュー

- STL で連想記憶を行う map クラスの使い方を学ぶ
- STL で集合演算を行う set クラスの使い方を学ぶ
- STL でスタックとキューの操作を学ぶ

　STL の中で比較的使用頻度が高いものが vector や list ですが、それ以外にも便利なクラスが存在します。ここではその中から、連想配列を行う map クラス、集合演算を行う set クラス、さらにはスタックやキューなどの操作を STL で行う方法について説明します。

● map クラス

　ここでは STL の **map（マップ）** クラスの使い方について説明します。

　map クラスは、vector クラスと同じく配列の一種です。ただ、vector クラスが、要素へのアクセスを、0、1、2... といった数値によるインデックスで行っているのに対し、**map クラスは同じ配列ではあっても、数値でのインデックスによるアクセスに限っているわけではありません。**

　map クラスのイメージとして、もっともわかりやすい例として挙げられるのが、辞書でしょう。辞書では、調べたい単語のページを調べると、その意味が得られます。調べたい単語にあたる部分をキー、意味にあたるものが要素になります。

　そのため、map クラスのインスタンスは、**連想配列（れんそうはいれつ）**とも呼ばれます。

　では実際に、map クラスを使ったサンプルを見てみましょう。

Sample608/main.cpp
```
01 #include <iostream>
02 #include <string>
03 #include <map>
04
05 using namespace std;
06
```

```
07  int main(int argc, char** argv) {
08      map <string, int> score;  // map のデータ構造を用意する
09      //  名前と点数の組み合わせの記憶
10      score["Tom"] = 100;
11      score["Bob"] = 80;
12      score["Mike"] = 76;
13      cout << "Tomの点数は" << score["Tom"] << "点です。" << endl;
14      cout << "Bobの点数は" << score["Bob"] << "点です。" << endl;
15      cout << "Mikeの点数は" << score["Mike"] << "点です。" << endl;
16      return 0;
17  }
```

● **実行結果**

Tomの点数は100点です。
Bobの点数は80点です。
Mikeの点数は76点です。

このプログラムは名前と点数を関連付けるプログラムです。map クラスを使う場合も、クラス名と同じヘッダーのインクルード（3行目）と、標準名前空間の使用が必要（5行目）です。

では、実際にプログラムの中身はどうなっているのでしょうか。詳しく見ていきましょう。

◉ mapクラスの利用

vector クラスや list クラスの場合と同様に、map クラスも使用前に、宣言が必要になります。map 型の宣言は、以下のようになります。

● **mapクラスの型宣言**

map <キーの型, 値の型>

つまり、最初の型をキーとして、値の型のデータを格納するわけです。このサンプルの場合、8行目の処理がそれにあたります。

ここでは、string 型の値をキーとして、int 型の値を格納することを意味しています。あとに続く score がこのクラステンプレートのインスタンスとなり、string 型と int 型のマップとして使用できるようになります。

- mapクラスのインスタンス化

```
map <string, int> score;
```

では引き続き、値の代入を見てみましょう。

- mapクラスのインスタンスへ値を代入

```
score["Tom"] = 100;
score["Bob"] = 80;
score["Mike"] = 76;
```

10 〜 12 行目で、変数 score に値を代入しています。これにより「Tom：100」「Bob：80」「Mike：76」というデータの関連付けがなされます。

- mapの仕組み

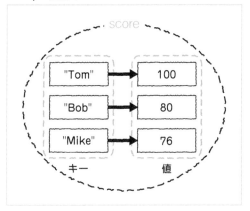

最後に、map クラスの主なメンバ関数を紹介しておきます。

- mapクラスの主なメンバ関数

関数名	意味
clear()	すべての要素をクリアする
empty()	マップが空であるときにtrueを返し、そうでないときにfalseを返す
erase(値)	指定した要素をクリアする
size()	マップの中の要素数を返す
find(キー)	マップから指定したキーが一致する要素を探し、イテレータを返す

● set クラス

続いて、集合を扱う STL の **set（セット）** クラスについて説明します。集合とは、「ものの集まり」という意味で、vector クラスや list クラスと同様にさまざまなデータを格納することができます。set クラスには、同じデータを複数回登録しても、一度登録されていれば二度と登録されません。つまり、**同じデータは必ず1つしか登録できないのが特徴です**。

したがって、データの中から、重複をなくし、純粋にどのような要素から構成されているかを調べる際などには有効なクラスです。

では実際に、以下のプログラムを入力・実行してみてください。

Sample609/main.cpp

```
01 #include <iostream>
02 #include <string>
03 #include <set>
04
05 using namespace std;
06
07 int main(int argc, char** argv) {
08     set<string> names;  //  set のデータ構造を用意する
09     //  値を代入
10     names.insert("Tom");
11     names.insert("Mike");
12     names.insert("Mike");   //  同じ名前を重複して代入させる
13     names.insert("Bob");
14     //  登録されている全データを表示
15     set<string>::iterator it; //  イテレータを用意
16     for (it = names.begin(); it != names.end(); it++) {
17         cout << *it << endl;
18     }
19     //  Bob,Steveがデータ内に存在するか調べる
20     string n[] = { "Bob","Steve" };
21     int i;
22     for (i = 0; i < 2; i++) {
23         it = names.find(n[i]);
24         if (it == names.end()) {
25             //  データがset内に存在しない
26             cout << n[i] << " is not in a set." << endl;
27         }
28         else {
29             //  データがset内に存在する
```

```
30          cout << n[i] << " is in a set." << endl;
31        }
32      }
33      return 0;
34  }
```

● 実行結果

```
Bob
Mike
Tom
Bob is in a set.
Steve is not in a set.
```

このプログラムは、Tom、Mike、Bob という名前を順番に登録し、登録されているデータをすべて出力したり、あるデータがその中に含まれているかいないかを調べたりするプログラムです。

set クラスの利用

では実際に、プログラムの流れを見てみましょう。ほかの STL クラスと同様、set クラスは、対応するヘッダーのインクルード（3 行目）および標準名前空間の利用（5 行目）を必要とします。

8 行目で、set クラスのインスタンス化が行われています。

● set クラスのインスタンス化

set<型名> インスタンス名;

ここでは、string 型のデータを登録する、names というインスタンスが宣言されています。これにより、インスタンスには string の文字列を登録することが可能になります。実際に値を登録しているのが、10 〜 13 行目です。

● データの登録

```
names.insert("Tom");
names.insert("Mike");
names.insert("Mike");
names.insert("Bob");
```

見てわかるとおり、**Mike という文字列が 2 回登録されています**。しかし、前述の

とおり、同じデータが複数登録されることはありません。それがわかるのが、15 〜 18 行目のデータの出力です。

set クラスは、ほかの STL クラス同様、イテレータで要素にアクセスすることが可能です。ここでは、すべての要素が出力されていますが、出力された名前は、Bob、Mike、Tom となっており、**重複して登録した Mike も一度しか出力されていません。**

このことから、set クラスのインスタンスは、データの**重複**ができないことがわかります。

重要   set クラスのインスタンスには、重複したデータは登録できません。

• setクラスの仕組み

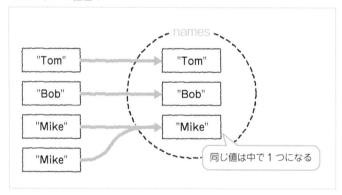

◉ データの有無を調べる

さらにこのサンプルでは、あるデータが集合の中に存在するか、しないかを調べています。

20 〜 32 行目で、Bob、Steve というデータの有無が調べられています。データの有無を調べているのが、23 行目の find 関数による処理です。

• データの有無の調査

```
it = names.find(n[i]);
```

find 関数は、( ) 内に記入したデータの有無を調べ、戻り値としてイテレータが得られます。

もしも ( ) 内のデータがすでに登録されていれば、そのデータに該当するイテレータが、そうでなければ、set クラスの要素の最後のイテレータ（end 関数で得られるものと同じ）が戻り値として取得できます。

そこで、このプログラムでは 24 行目で、戻り値のイテレータによって値の有無を調べています。その結果、Bob は登録されているので「Bob is in a set.」と出力され、Steve は登録されていないので「Steve is not in a set.」と出力されるのです。

最後に、set クラスの主なメンバ関数を表にまとめておきます。

● setクラスの主なメンバ関数

関数名	意味
clear()	すべての要素をクリアする
empty()	集合が空であるときにtrueを返し、そうでないときにfalseを返す
erase()	指定した要素をクリアする
size()	マップの中の要素数を返す

スタックとキュー

今まで、STLの主要なクラスである、vector、list、map、setについて説明してきました。この 4 つを知っていれば、さまざまな処理を行うことができます。

しかし、STL はこのほかにもまだまだたくさんのクラスが存在します。すべてを紹介するのは不可能ですが、ここでは、その中でも特に利用価値が高い、stack と queue について、簡単に説明することにしましょう。

これらは、データ構造のうち特に大事な**スタック**（stack）と**キュー**（queue）を表すものです。サンプルプログラムを見る前に、それらの概念を説明しましょう。

◉ スタックとLIFO

まず、スタックの概念について説明しましょう。スタックとは、英語で「積み重ねる」という意味で、最後に入力したデータが先に出力されるデータ構造です。STL では、stack クラスがこれにあたります。イメージとしては、積み重ねてある本を探す場面を考えるとわかりやすいでしょう。

積み重ねた本は、最初の本は下になり、最後に積んだ本は上になります。したがって、この中から目的の本にたどり着くには、まず上の本、つまりあとから積み重ねたものから探すことになります。

このようにスタックでは登録したデータから新しいデータを優先に取り出します。
こういったデータの検索方法を、LIFO（Last In,First Out）と呼びます。

◉ キューとFIFO

それに対し、キューは FIFO（First In,First Out）と呼ばれ、最初に登録したデータから、順に検索していくデータ形式です。キュー（queue）とは、英語で行列を表す単語です。STL では、queue クラスがこれに該当します。

商品を購入する際に人が行列を作る場合、行列に並んだ最初の人から順番に商品を買えます。そのように、キューでは登録した古いデータを優先的に取り出します。

つまり、スタックとは正反対の概念です。

◉ スタックとキューのサンプル

以上を踏まえて実際に stack クラスと、queue クラスを用いたサンプルを見てみましょう。

以下のプログラムを実行してみてください。

Sample610/main.cpp

```
01  #include <iostream>
02  #include <stack>
03  #include <queue>
04
05  using namespace std;
06
07  int main(int argc, char** argv) {
08      stack<int> stk;    //  スタックのデータを宣言
09      queue<int> que;    //  キューのクラス宣言
10      int data[] = { 1, 2, 3 };    //  登録するデータ
11      int i;
12      //  データの登録
13      for (i = 0; i < 3; i++) {
14          stk.push(data[i]);
15          que.push(data[i]);
16      }
17      //  データの出力(stack)
18      cout << "stack : ";
19      while (!stk.empty()) {
20          //  topで要素を取得
21          cout << stk.top() << " ";
22          // popでその要素をstkから取り除く
```

```
23      stk.pop();
24    }
25    cout << endl;
26    // データの出力(queue)
27    cout << "queue : ";
28    while (!que.empty()) {
29        // frontで要素を取得
30        cout << que.front() << " ";
31        //popでその要素をqueから取り除く
32        que.pop();
33    }
34    cout << endl;
35    return 0;
36 }
```

• **実行結果**

```
stack : 3 2 1
queue : 1 2 3
```

では実際にこのプログラムの流れを説明しながら、スタックとキューの解説をしていきましょう。

◉ stack、queueクラスのインスタンス化

8、9行目で、stack クラスおよび queue クラスをインスタンス化しています。型の指定が <int> となっているので、扱われるデータは整数となります。

• stack、queueクラスのインスタンス化

```
stack<int> stk;
queue<int> que;
```

なお、stack クラスは、stack ヘッダーの読み込み（2行目）、queue クラスは、queue ヘッダーの読み込み（3行目）が必要になります。標準名前空間で使うという点もほかの STL クラスと同様です。

◉ pushによるデータの登録

stack と queue クラスのインスタンスは、ともに、push 関数でデータを挿入します（13～16行目）。このサンプルでは、1、2、3という数値が登録されます。

・スタック・キューへのデータの登録

変数.push(1) 　　変数.push(2) 　　変数.push(3)

※スタックとキューのデータ登録方法は同じ

◉ データの取り出し

プログラムの残りの処理でデータの取り出しを行います。

データ登録の関数は同一だった stack と queue クラスのインスタンスですが、データの取り出し方法は異なります。**stack クラスのインスタンスは top 関数、queue クラスのインスタンスは front 関数を使ってデータを取得します。**

top 関数は、スタックに最後に登録された要素を得るメンバ関数であり、front 関数は、キューの最初の要素を得るメンバ関数です。

それぞれ、積み重ねたデータの一番上（top）、行列の先頭（front）を表す言葉を意味するわけです。

◉ データの削除

データの削除はキュー、スタックともに pop 関数を用います。関数名は同一でも、実行結果は異なります。

スタックは LIFO なので、最後に登録されたデータが削除されます。これは top 関数で得られるデータに該当します。

• スタックのデータ削減

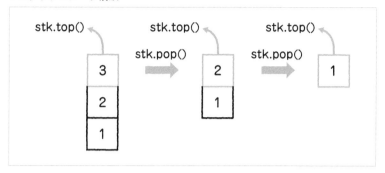

重要　スタックでのデータの取得は、新しく登録されたものから行われます。

キューは FIFO なので、最初のデータがそれぞれ削除されます。これは front 関数で得られるデータに該当します。

• キューのデータ削減

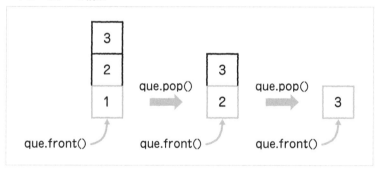

また、empty 関数は、データが存在すれば true、しなければ false を返します。したがって、どちらのループでも、中身が空になるまで、データの出力・削除が行われる仕組みになっています。

重要　キューでのデータの取得は、登録した順番に行われます。

例題 6-2 ★☆☆

　プログラムを実行すると、「英語で季節を入力：」と表示され、そこで英語で季節の名前を入力すると、その季節の日本語の名前が表示するプログラムを作りなさい。英語から日本語への変換は map クラスを使用すること。

　なお、英語の季節の名前と日本語の季節の対応は以下のとおりである。

● 英語の季節名と日本語の季節名の対応表

英語	日本語
spring	春
summer	夏
fall	秋
autumn	秋
winter	冬

● 実行結果の例①（適切な値が入力された場合）

英語で季節を入力：winter　　◀──　英語で季節の名前を入力して Enter キーを押す
winterは日本語では冬です。

　不適切な値が入力された場合には、次のような結果になるものとする。

● 実行結果の例②（不適切な値が入力された場合）

英語で季節を入力：abc　　◀──　季節以外の単語を入力して Enter キーを押す
不適切な値です

 解答例と解説

　8 行目で、キー、値ともに string 型である map クラスをインスタンス化して、変数 seasons に代入します。

　そして、9 〜 13 行目で、変数 seasons に英語の季節名をキーとして、日本語の季節名を値とする代入処理を行います。

　そのあと、キーボードから英語を入力し（16 行目）、それをキーとして日本語の値を取得します（17 行目）。

このとき、キーに不適切な値が代入されると、空の文字列が値として得られるので、18行目のif文で値が取得できたかどうかの判定を行い、正しければその結果を表示し、そうでなければ、「不適切な値です」と表示します。

Example602/main.cpp

```cpp
01 #include <iostream>
02 #include <map>
03
04 using namespace std;
05
06 int main(int argc, char** argv) {
07     // mapの設定
08     map <string, string> seasons;
09     seasons["spring"] = "春";
10     seasons["summer"] = "夏";
11     seasons["fall"] = "秋";
12     seasons["autumn"] = "秋";
13     seasons["winter"] = "冬";
14     cout << "英語で季節を入力:";
15     string eng_name, jp_name;
16     cin >> eng_name;
17     jp_name = seasons[eng_name];
18     if (jp_name != "") {
19         cout << eng_name << "は日本語では"
20             << jp_name << "です。" << endl;
21     }
22     else {
23         cout << "不適切な値です" << endl;
24     }
25     return 0;
26 }
```

3 練習問題

▶ 正解は 312 ページ

問題 6-1 ★★★

例題 6-1 の処理に、以下の処理を追加しなさい。

①入力された値の最大値の表示
②入力された値の最小値の表示

● **期待される実行結果の例**

数値を入力:5　　　◀── 正の整数を入力し [Enter] キーを押す
数値を入力:2　　　◀── 正の整数を入力し [Enter] キーを押す
数値を入力:4　　　◀── 正の整数を入力し [Enter] キーを押す
数値を入力:3　　　◀── 正の整数を入力し [Enter] キーを押す
数値を入力:1　　　◀── 正の整数を入力し [Enter] キーを押す
数値を入力:-1　　◀── 0 以下の整数を入力し [Enter] キーを押す
5　2　4　3　1
合計:15
最大値:5
最小値:1

問題 6-2 ★☆☆

　コンソールから英単語を入力すると、それに対応する日本語が出てくるようにしなさい。

　なお、英語と日本語の対応には、map クラスを用いること。また、英語と日本語の対応は、以下のとおりである。

英語	日本語
cat	猫
dog	犬
bird	鳥

- **期待される実行結果の例（適切な値が入力された場合）**

英単語を入力：cat  英単語を入力し Enter キーを押す
「cat」は日本語で「猫」です。

　表の中に出てこない英単語が入力された場合には「変換できません。」と表示し、プログラムを終了すること。

- **期待される実行結果の例（不適切な値が入力された場合）**

英単語を入力：apple ◀ 英単語を入力し Enter キーを押す
変換できません。

M E M O

7日目

覚えておきたい知識

覚えておきたい知識

- 引数の参照渡し
- クラスの相互参照
- string クラスの応用
- インターフェース
- 演算子のオーバーロード

1-1 引数の参照渡し

POINT

- 引数の参照渡しについて学ぶ
- 参照渡しの利便性と危険性について理解する

7日目では、1〜6日目で触れられなかったものの、C++ のプログラミングをするうえで重要な事項について説明していきます。どの内容も C++ である程度高度なプログラミングを行う際には、避けられないものになっています。

● 参照渡しとは

最初のトピックは**参照渡し（さんしょうわたし）**です。C 言語で関数に引数を渡す方法は、値渡しとポインタ渡しの2つでした。C++ はこれらに加えて、参照渡しという方法が追加されました。

では早速、参照渡しとはどのようなものか説明しましょう。以下のサンプルを入力し、実行してみてください。

Sample701/main.cpp
```
01 #include <iostream>
02
03 using namespace std;
```

```
04
05  void ref(int&);
06  void print(int);
07
08  int main(int argc, char** argv) {
09      //  整数の値を代入
10      int n = 5;
11      print(n);
12      //  参照渡し
13      ref(n);
14      print(n);
15      return 0;
16  }
17
18  void ref(int& n) {
19      n = 1;
20  }
21
22  void print(int n) {
23      cout << "n=" << n << endl;
24  }
```

• **実行結果**
```
n=5
n=1
```

13 行目で ref 関数を呼び出すと、10 行目で初期化した変数 n の値が 1 に変わった ことがわかります。その理由は、ref 関数の引数が参照渡しであることに由来します。 では、参照渡しとは何でしょうか。18 行目にある ref 関数の定義を見てください。

• **参照渡しをする場合の関数定義**
```
void ref(int& n)
```

見てわかるとおり、int のあとに & が付いています。これにより変数を引数として 渡すと、変数のアドレスが渡されます（①）。

main 関数の変数 n を ref 関数に参照渡しすると、ref 関数の処理で変数 n の値を変 更することが可能になります（②）。

● 参照渡しの構造

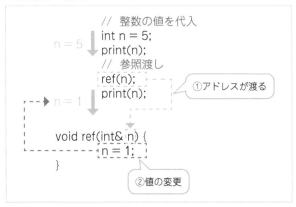

　この処理は、C言語における、引数のポインタ渡しと同じような処理をしているように見えます。しかしポインタ渡しは、呼び出す際の引数にポインタ、もしくは変数のアドレスを与えなくてはなりません。それに対し、**参照渡しの場合は関数を呼び出すとき、引数に変数名をそのまま書けばよいのです。**

● ポインタ渡しと参照渡しの違い

渡し方	引数として渡す値	関数定義の例	関数呼び出しの例

ポインタ渡し	変数のアドレス、ポインタ変数	`void func1(int* a)`	`func1(&a);//変数`
			`func1(p); //ポインタ変数`

参照渡し	変数の値	`void func2(int& n)`	`func2(a); //変数`
			`func2(*p);//ポインタ変数`

重要

参照渡しは、使用するときは値渡しのように見えますが、ポインタ渡しのようにアドレスを渡すことができます。

 **2 クラスの相互参照**

POINT

- クラスを相互参照する方法を学ぶ
- this ポインタの使い方を学ぶ
- const 修飾子の使い方を学ぶ

● クラスの相互参照

次のトピックは、クラスの**相互参照（そうごさんしょう）**についてです。

C++ のプログラムはある程度複雑になると、多数のクラスが存在し、互いに参照しあうようになります。ここでは、そういったケースのソースコード作成方法について説明します。

● include を使う問題点

クラス A とクラス B があり、互いに参照する必要があるとします。このとき、通常であれば以下のようにヘッダーファイルを定義するでしょう。

○ 相互参照の例：A.h

```
#ifndef _A_H_
#define _A_H_

#include "B.h"

class A{
    B* m_bB;
    …
}

#endif // _A_H_
```

● 相互参照の例：B.h

```
#ifndef _B_H_
#define _B_H_

#include "A.h"

class B{
    A* m_pA;
    …
}

#endif // _B_H_
```

　実は、この参照方法には問題点があります。

　A.h でクラス B を使用するので、B.h をインクルードする必要があります。その際、B.h の中でもクラス A を利用するので、A.h をインクルードしなければなりません。そうすると、A.h で B.h をインクルード、また B.h で A.h をインクルード……といった具合に、いつまでたってもインクルード処理が終わらなくなってしまうのです。

● クラスが相互に参照するときのインクルード処理の問題点

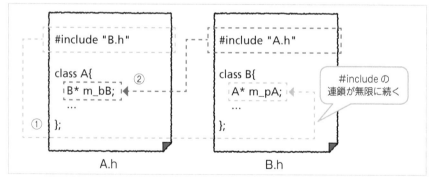

　つまり、この方法ではコンパイルエラーが発生しています。しかし、このように複数のクラスが互いを参照することはよくあることです。では、どうすればよいのでしょうか？

◉ 相互参照へ対応

　この問題に対応するためには、次のようにすれば解決できます。サンプルを入力・実行してみましょう。まずは、A クラスを定義していきます。

Sample702/A.h
```
01 #ifndef _A_H_
02 #define _A_H_
03
04 class B;      //  クラスBへの参照
05
06 class A {
07 private:
08     B* m_pB;
09 public:
10     A();      //  コンストラクタ
11     void foo();
12     void bar();
13 };
14
15 #endif //   _A_H_
```

Sample702/A.cpp
```
01 #include "A.h"
02 #include "B.h"
03 #include <iostream>
04
05 using namespace std;
06
07 A::A() {
08     m_pB = new B(this);
09 }
10
11 void A::foo() {
12     cout << "A::foo()" << endl;
13 }
14
15 void A::bar() {
16     m_pB->hoge();
17 }
```

続いて、B クラスを定義していきます。

Sample702/B.h
```
01 #ifndef _B_H_
02 #define _B_H_
03
04 class A;     //  クラスAへの参照
```

```
05
06 class B {
07 private:
08     A* m_pA;
09 public:
10     B(A* pA);
11     void hoge();
12 };
13
14 #endif // _B_H_
```

Sample702/B.cpp
```
01 #include "A.h"
02 #include "B.h"
03 #include <iostream>
04
05 using namespace std;
06
07 B::B(A* pA) {
08     m_pA = pA;
09 }
10 void B::hoge() {
11     cout << "==== B::hoge()内での呼び出し ====" << endl;
12     cout << "B::bar()" << endl;
13     m_pA->foo();
14     cout << "==============================" << endl;
15 }
```

最後に、main.cpp を記述していきます。

Sample702/main.cpp
```
01 #include <iostream>
02 #include "A.h"
03
04 using namespace std;
05
06 int main(int argc, char** argv) {
07     A a;
08     a.foo();
09     a.bar();
10     return 0;
11 }
```

実行すると、次のような結果が得られます。

- 実行結果

```
A::foo()
==== B::hoge()内での呼び出し ====
B::bar()
A::foo()
=============================
```

⦿ 参照するクラスを指定

　A.h の 4 行目および、B.h の 4 行目に注目してください。ここでは、「class B;」「class A;」といったように、**class のあとに参照したいクラスの名前を記述して、対象のクラス名を使うことを宣言します。**そして、cpp ファイルで使用したいクラスが記述されたヘッダーファイルをインクルードします。

- クラスを相互参照する

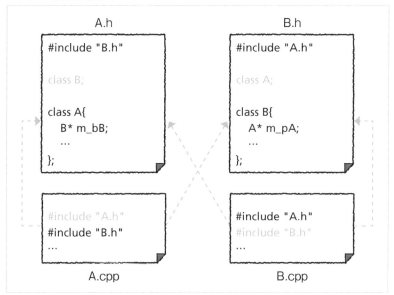

　たったこれだけの方法で、相互参照の問題を解決することが可能です。参照するクラスが増えても、この方法を用いれば問題は起こりません。

⦿ thisポインタ

　続いて、プログラムの中身を見てみましょう。A.cpp の 8 行目を見てください。

- thisポインタの利用

```
m_pB = new B(this);
```

　この処理は、AクラスのコンストラクタのなかでＡクラスのコンストラクタの中で行われる処理で、Bクラスのインスタンスを生成しているものです。ここに出てくる、this は何でしょうか？　これは、**this ポインタ**といい、自分自身を表すポインタです。B.h を見てみると、クラス B のコンストラクタの中で、次のように書かれています。

- Bクラスのコンストラクタ（B.cpp/9〜11行目）

```
B::B(A* pA) {
    m_pA = pA;
}
```

　AクラスからBクラスへの参照は、AクラスでBクラスのインスタンスを生成した時点でできていますが、同時にAクラスで引数としてthisを渡すと、BクラスにAクラスの参照を持たせる処理を同時に行うことができます。

- クラスA、Bが相互参照をする仕組み

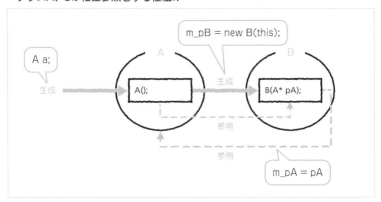

● const 修飾子

　クラス間で相互参照を行うようになると、いろいろな問題が発生します。例えば引数として、あるクラスのインスタンスを渡した場合、それによってインスタンスのメンバ変数の値が変化する可能性があるということです。

　そこでインスタンスのポインタおよび参照を渡すときに、**const 修飾子**を使って引

数の状態が変更されないようにします。

const修飾子による定数の定義

詳しい説明をする前に、まずは一番簡単な const 修飾子の使い方を見てみましょう。const 修飾子を使うと、以下のように定数を定義できます。

- const指定した定数の定義

```
const int max = 120; //   定数の定義(以後、値は変更できない)
max = 130; //   コンパイル エラー(constの定数の値を変更しようとしたので)
```

このように、**あとから変数の値を変更できないようするのが const 修飾子の役割**です。

関数の引数をconst指定する

さらに、const 修飾子は、関数の引数にも付けることができます。

- const指定した関数の引数

```
void foo(const A* pA); //   Aはクラス名(ポインタ変数の場合)
void bar(const A& a);  //   Aはクラス名(参照の場合)
```

これにより、A クラスのインスタンスである引数 pA、a の値は、あとから変更できなくなります。もし、**関数の中で引数 pA、a の値を変更しようとすると、エラーが発生します。**

重要　引数に const が付いたポインタ、もしくは参照が設定された場合、その引数に該当するインスタンスの中身を変えることが禁止されます。

constメンバ関数

また、メンバ関数にも const 指定することができます。この場合メンバ関数を呼び出すことによって、インスタンス内のメンバ変数を変更できないようにします。

- constメンバ関数の例

```
int getNum() const;
```

重要 メンバ関数を const 指定すると、その関数内ではメンバ変数の値を変更することはできません。

　では実際に、const 修飾子を使ったプログラムを実際に作成してみることにしましょう。以下のプログラムを入力・実行してみてください。

Sample703/sample.h

```
01 #ifndef _SAMPLE_H_
02 #define _SAMPLE_H_
03
04 #include <iostream>
05 #include <string>
06
07 using namespace std;
08
09 class Sample {
10 private:
11     string m_str;
12 public:
13     Sample();
14     void setStr(const string str);   // 引数をconstに
15     string getStr() const;           // メンバ関数のconst
16 public:
17     static const int m_cst = 100;    // 定数
18 };
19
20 #endif // _SAMPLE_H_
```

Sample703/sample.cpp

```
01 #include "sample.h"
02
03 Sample::Sample() : m_str("") {
04 }
05
06 void Sample::setStr(const string str) {
07     m_str = str;
08     //str = "";
```

```
09  }
10
11  string Sample::getStr() const {
12      //m_str = "";
13      return m_str;
14  }
```

Sample703/main.cpp

```
01  #include <iostream>
02  #include <string>
03  #include "sample.h"
04
05  using namespace std;
06
07  int main(int argc, char** argv) {
08      Sample s;
09      cout << "定数:" << s.m_cst << endl;
10      s.setStr("ABC");              //  値の設定
11      cout << s.getStr() << endl;   //  値の取得
12      return 0;
13  }
```

● 実行結果

定数:100
ABC

sample.h の 17 行目では、int 型の変数 m_cst を const 指定したうえで定義しています。**const 指定したメンバ変数は、ヘッダーファイルの中で定義できます。**

● constメンバ変数の定義

```
static const int m_cst = 100;  //  定数
```

次に、sample.h の 14、15 行目を見てください。これは、string 型のメンバ変数 m_str のセッターとゲッターです。セッターは引数に const 指定をし、ゲッターは const 指定されたメンバ関数になっています。

● メンバ変数m_strのセッターとゲッター

```
void setStr(const string str);  //  引数をconstに
string getStr() const;          //  メンバ関数のconst
```

そのため、sample.cpp の 8 行目の「//」を消すと、ビルドエラーになります。これは、const 指定した引数の値を変更しようとしたためです。

同じく、12 行目の「//」を消してもエラーになります。こちらは、const 指定したメソッドの中で、メンバ変数の値を変えようとしたためです。

・ sample.cppの8行目もしくは12行目の「//」を消したときのエラー

エラー C2678 二項演算子 '=': 型 'const std::string' の左オペランドを扱う演算子が見つかりません（または変換できません）（新しい動作；ヘルプを参照）。

const 修飾子の使い方による意味の違いをまとめると、次のとおりです。

・ const修飾子の使われ方とその意味

使用場所	使用例	意味	解説
変数の前	const int a = 100;	定数の定義	定数として値を変更できない
メンバ関数の引数	void setNum(const int a);	引数の変更不可能	関数内で、引数の値は変更できない
メンバ関数の後ろ	int getNum() const;	メンバ変数の変更不可能	関数内で、メンバ変数の値は変更できない

◎ const修飾子を使う意味

定数を定義したり、値が変更されないことを保証したりする const 修飾子ですが、それ以外にも意味があります。

まず 1 つは、const 修飾子を付けることで、コンパイラで最適化しやすくなり、処理速度が向上し、メモリを効率的に使用することが可能になるとされています。

もう 1 つが、変数の使用方法に制限を付けて、プログラミングの誤りを未然に防ぐことです。なぜなら、内容を変更してはいけない部分に const 修飾子を付けることで、誤った内容の変更を防ぐことができるからです。

以上のように、const 修飾子は変数の値変更を禁止するばかりではなく、C++ での開発を効率化させるという側面もあるのです。

重要　const 修飾子を適切に使うと、処理速度の向上やメモリの効率的な利用を可能にするとともに、プログラムの誤りを少なくするといった効果もあります。

①-3 string クラスの応用

- string クラスのさまざまな使い方を知る
- string 型から char 型の配列に変換する方法について学ぶ

string クラスのよく使うメンバ関数

string クラスにはさまざまなメンバ関数があるので、ここでは比較的使用頻度が高いものを紹介します。

まずは以下のサンプルを入力し、実行してみてください。

Sample704/main.cpp
```cpp
01 #include <iostream>
02 #include <string>
03
04 using namespace std;
05
06 int main(int argc, char** argv) {
07     string s = "Hello C++";
08     cout << "文字列「" << s << "」" << endl;
09     //  文字列の長さの取得
10     cout << "長さ:" << s.length() << endl;
11     //  先頭の文字(H)を取得
12     cout << "先頭の文字:" << s[0] << endl;
13     //  6番目の文字(C)を取得
14     cout << "6番目の文字:" << s[6] << endl;
15     //  文字の部分切り取り(2番目の文字から3文字取得)
16     cout << "2番目から3文字切り取り:" << s.substr(2, 3) << endl;
17     return 0;
18 }
```

- 実行結果

```
文字列「Hello C++」
長さ:9
先頭の文字:H
6番目の文字:C
2番目から3文字切り取り:llo
```

このプログラムに用いられているさまざまなメンバ関数を順を追って説明していきます。

◉ 文字列の長さの取得

　10行目では、length 関数を利用して、変数 s に代入した文字列の長さを取得しています。文字列の内容は「Hello C++」なので、9という値が得られます。

　なお、同様の働きをするメンバ関数の size があるので、こちらを使っても構いません。

● 文字列の長さの取得

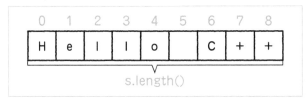

◉ 特定の位置の文字を取得

　文字列の特定の場所の文字を取得する場合には、変数のあとに [ ] を付けて、その中に添え字を書きます。配列変数と同じように添え字は 0 から始まり、文字列の長さ -1 番目で終わります。

　このサンプルの場合、9文字なので 0 から 8 で指定します。

● 特定の位置の文字を取得

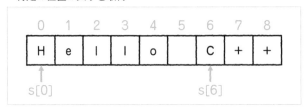

◉ 文字列の部分的切り取り

　文字列を部分的に切り取るには substr 関数を用います。引数は 2 つの整数を与え、第 1 引数は切り取りを開始する位置、第 2 引数は切り取る文字列の長さです。

- substr関数

substr(切り取りを開始する位置, 切り取る文字列の長さ)

　このサンプルでは substr(2, 3) としているので、2番目の文字から3文字切り取ります。その結果「llo」が得られます。

- 文字列の部分的切り取り

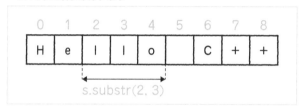

char 型の配列と string 型の相互変換

　string クラスは C++ でのみ使えるので、C 言語で文字列を扱う場合には char 型配列を使うのが普通です。C++ では、C 言語のソースコードを再利用することが少なくないため、char 型の配列から string 型へと変換が必要になる場合があります。
　ここではその方法を紹介します。以下のサンプルを入力して実行してみてください。

Sample705/main.cpp

```
01 #include <iostream>
02 #include <string>
03 #include <stdio.h>
04
05 using namespace std;
06
07 int main(int argc, char** argv) {
08     //  char型の配列からstring型へ
09     char arr[] = "Array of char";
10     string s1(arr);
11     cout << s1 << endl;
12     //  string型からchar型の配列へ
13     string s2 = "string of C++";
14     printf("%s¥n", s2.c_str());
15     return 0;
16 }
```

● 実行結果

```
Array of char
string of C++
```

◉ char型の配列からstring型へ変換

文字列を生成する際に、コンストラクタの引数として文字列の配列を与えると、同じ内容の string クラスのインスタンスを生成することができます。

● stringクラスのコンストラクタ

```
string (const char* s);
```

このプログラムでは 10 行目で string クラスのインスタンスを生成するとき配列変数 arr を渡して、char 型の配列 arr と同じ string 型の文字列を得ています。

● stringクラスのコンストラクタの呼び出し

```
string s1(arr);
```

new 演算子を使わずに新しいインスタンスを生成する場合、このように変数名の後ろに ( ) を付けて引数を指定します。

◉ string型からchar型の配列へ

string クラスのメンバ関数である c_str を使うと、その文字列と同じ char 型の配列を得ることができます。このプログラムでは 14 行目で変換処理を行い、C 言語の printf 関数で文字列を表示しています。

● c_str関数でchar型の配列を得る

```
printf("%s¥n", s2.c_str());
```

なお、得られた文字列は const 指定されているので、内容を変更することはできません。

1-4 インターフェース

- 抽象クラスから1歩進めてインターフェースを作成する
- インターフェースの活用の仕方を学ぶ

インターフェースとは

6日目で、仮想関数を持つ抽象クラスについて説明しました。これを応用したもので、**インターフェース**と呼ばれるものがあります。インターフェースとは、純粋仮想関数だけで構成されたクラスで、抽象クラスの特別な形がこのように呼ばれています。

インターフェースという言葉はもともとは物と物との接合点や境界面を意味していますが、**オブジェクト指向プログラミングにおいてはオブジェクト間の接合点・境界面を意味し、オブジェクト指向言語の重要な機能の1つです。**この機能は Java や C# にもともと備えられているのですが、残念ながら C++ にはこのような機能は存在しません。

C++ は多重継承を使うことで、Java や C# のインターフェースに近いものを実現できます。

インターフェースを使って機能を制限する

インターフェースの有用性をサンプルをとおして説明しましょう。

次のプログラムはインターフェースを用いたサンプルプログラムです。main.cpp を含めてファイルが5つあるので、順番に入力していきましょう。

- Sample706のクラス

クラス	親クラス	プログラム
ITelePhone	―	itelephone.h
IMusicPlayer	―	imusicplayer.h
SmartPhone	ITelePhone、IMusicPlayer	smartphone.h、smartphone.cpp

まずは、ITelePhone クラスの宣言です。親クラスとして使いますが、インターフェースに該当します。

Sample706/itelephone.h

```
01  #ifndef _ITELEPHONE_H_
02  #define _ITELEPHONE_H_
03
04  #include <iostream>
05
06  using namespace std;
07
08  class ITelePhone {
09  public:
10      //  電話をかける
11      virtual void call(string number) = 0;
12      //  電話を切る
13      virtual void hung_up() = 0;
14  };
15
16  #endif //  _ITELEPHONE_H_
```

次は、IMusicPlayer クラスの宣言です。こちらもインターフェースに該当します。

Sample706/imusicplayer.h

```
01  #ifndef _IMUSIC_PLAYER_H_
02  #define _IMUSIC_PLAYER_H_
03
04  class IMusicPlayer {
05  public:
06      //  音楽の再生
07      virtual void play() = 0;
08      //  音楽再生の中止
09      virtual void stop() = 0;
10  };
11
12  #endif //  _IMUSIC_PLAYER_H_
```

親クラスを準備したところで、SmartPhone クラスを定義していきます。

Sample706/smartphone.h

```
01  #ifndef _SMARTPHONE_H_
02  #define _SMARTPHONE_H_
03
```

```
04  #include <iostream>
05  #include "itelephone.h"
06  #include "imusicplayer.h"
07
08  using namespace std;
09
10  //  携帯電話クラス
11  class SmartPhone : public ITelePhone, public IMusicPlayer {
12  public:
13      //  電話をかける
14      void call(string number);
15      //  電話を切る
16      void hung_up();
17      //  音楽の再生
18      void play();
19      //  音楽再生の中止
20      void stop();
21  };
22
23  #endif //  _SMARTPHONE_H_
```

Sample706/smartphone.cpp

```
01  #include "smartphone.h"
02
03  //  電話をかける
04  void SmartPhone::call(string number) {
05      cout << number << "へ電話をかけました。" << endl;
06  }
07
08  //  電話を切る
09  void SmartPhone::hung_up() {
10      cout << "電話を切りました。" << endl;
11  }
12
13  //  音楽の再生
14  void SmartPhone::play() {
15      cout << "音楽を再生しました。" << endl;
16  }
17
18  //  音楽再生の中止
19  void SmartPhone::stop() {
20      cout << "音楽の再生を中止しました。" << endl;
21  }
```

最後に、main.cpp のプログラムを入力してください。

Sample706/main.cpp

```
01  #include <iostream>
02  #include "smartphone.h"
03
04  using namespace std;
05
06  void usePhone(ITelePhone*);
07  void usePlayer(IMusicPlayer*);
08
09  int main(int argc, char** argv) {
10      SmartPhone* pPhone = new SmartPhone();
11      //  電話を使う
12      usePhone((ITelePhone*)pPhone);
13      //  音楽プレーヤーを使う
14      usePlayer((IMusicPlayer*)pPhone);
15      delete pPhone;
16      return 0;
17  }
18
19  //  電話を使う
20  void usePhone(ITelePhone* pPhone) {
21      cout << "--- usePhone関数 ---" << endl;
22      pPhone->call("080-123-4567");
23      pPhone->hung_up();
24      //pPhone->play();
25      //pPhone->stop();
26      cout << "-------------------" << endl;
27  }
28
29  //  音楽プレーヤーを使う
30  void usePlayer(IMusicPlayer* pPlayer) {
31      cout << "--- usePlayer関数 ---" << endl;
32      //pPlayer->call("080-123-4567");
33      //pPlayer->hung_up();
34      pPlayer->play();
35      pPlayer->stop();
36      cout << "-------------------" << endl;
37  }
```

ここまで入力できたら、実行してみましょう。

● 実行結果

```
--- usePhone関数 ----
080-123-4567へ電話をかけました。
電話を切りました。
--------------------
--- usePlayer関数 ---
音楽を再生しました。
音楽の再生を中止しました。
--------------------
```

● プログラムの流れ

　このプログラムは、main 関数の中で SmartPhone クラスのインスタンスを生成し、電話の機能を使う usePhone 関数と、音楽プレーヤーの機能を使う usePlayer 関数に、インスタンスを参照渡しで呼び出しています。

　SmartPhone クラスは、ITelePhone、IMusicPlayer の両クラスを継承しています。これらは SmartPhone クラスのインターフェースとして機能しています。

● キャスト

　main.cpp の 12 行目で usePhone 関数を呼び出すとき、SmartPhone クラスのインスタンスの先頭に (ITelePhone*) と記述しています。これは**型変換**もしくは**キャスト**と呼ばれる処理で、オブジェクトや値の型を、別の型に変換します。

　ここでは、SmartPhone クラスのインスタンスである変数 pPhone を、ITelePhone型にキャストすることで、usePhone 関数内で引数 pPhone は ITelePhone クラスのインスタンスとして利用することができます。

● SmartPhone型をITelePhone型にキャストする

```
usePhone((ITelePhone*)pPhone);
```

　なお、キャストはどのような場合もできるわけではありません。12 行目のキャストは、SmartPhone クラスが ITelePhone クラスを継承しているからこそ可能なのです。**何の関係性もないクラスではキャストできないので、注意が必要です。**

- クラスのキャスト

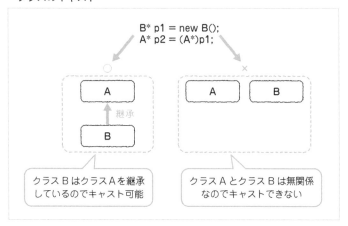

```
B* p1 = new B();
A* p2 = (A*)p1;
```

継承

A

B

クラス B はクラス A を継承
しているのでキャスト可能

A   B

クラス A とクラス B は無関係
なのでキャストできない

◉ インターフェースの考え方

ITelePhone と IMusicPlayer は、ともに純粋仮想関数しか存在しないクラスで、クラス自体には特に意味がありません。しかし、それらはともに SmartPhone クラスで多重継承されています。一体なぜこのような面倒なことをしているのでしょうか。

main.cpp に記述されている usePhone 関数、usePlayer 関数を見てください。前者は ITelePhone 型のポインタ変数、後者は IMusicPlayer 型のポインタ変数を引数としています。**これにより、usePhone 関数内では ITelePhone クラスのメンバ関数、usePlayer 関数内では IMusicPlayer の関数しか利用できません。**

- usePhone関数、usePlayer関数と各インターフェースの関係

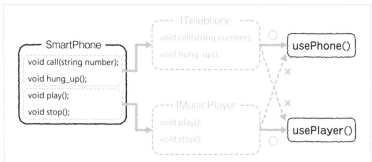

試しに、main.cpp の 24、25、32、33 行目の「//」を消してみてください。コンパイルエラーが出ます。

- 24行目の「//」を消した場合のエラー

エラー（アクティブ）　E0135　class "ITelePhone" にメンバ "play" が
ありません

インターフェースを利用するメリットは、ポインタを渡す相手のクラスに対して、
機能を制限したい場合などに有効です。

◉ インターフェースが有効な状況

インターフェースは、どのようなときに使うと有効なのでしょうか。

例えば、スマートフォンを開発する会社のソフトウェア開発部門では、多くのプログ
ラマーが働いています。スマートフォンのソフトウェアは、電話、音楽プレーヤー
など、さまざまな要素から成り立っており、それぞれが役割を分担してシステムを開
発しています。

各機能が連携するような処理をしなくてはならない場合、インターフェース部分に
そのクラスで相手が利用可能な処理の関数を記述し、インターフェースの形にキャス
トしてインスタンスを渡せば、相手のプログラマーが「やってはいけない操作」を行っ
てシステムに致命的な問題を引き起こす心配がありません。

前述の例でいえば、usePhone 関数の中では、SmartPhone クラスの中のミュージッ
クプレーヤー機能は不必要な機能ですが、SmartPhone クラスのインスタンスを引数
で参照渡しすると、誤ってミュージックプレーヤー機能を操作する処理を記述してし
まい、システムに致命的な不具合を発生させてしまうかもしれません。

- usePhone関数に、SmartPhoneクラスのインスタンスをそのまま渡した場合

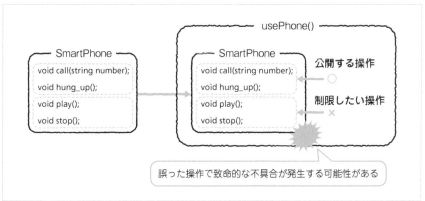

　しかし、インターフェースを利用して ITelePhone 型にキャストすると、許されない部分の操作が不可能になるので、その心配がなくなるのです。

● ITelePhone型にキャストしてからusePhone関数を呼び出す

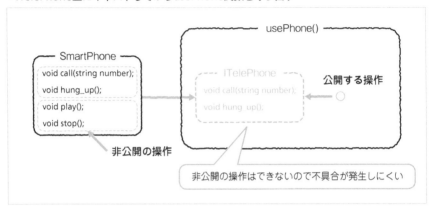

　このように、インターフェースを利用すると必要な機能のみを対象に提供できるので、ソフトウェアの開発を効率的に行うことを可能にします。

参考

> インターフェースを利用すると、ポインタを渡す相手に対し機能制限をしたい場合に有効です。

● コンポーネントのアップデートとインターフェース

　インターフェースの利用方法は機能制限に限った話ではありません。
　皆さんは、使用しているパソコンやスマートフォンで、アプリや OS の機能のアップデートを経験したことがあると思います。多くのソフトウェアは、複数の**ソフトウェアコンポーネント**と呼ばれる部品から構成されており、セキュリティの脆弱性が見つかったときや、機能がバージョンアップされたときに、このコンポーネントを新しいバージョンに入れ替えているのです。
　実は、このようなときもインターフェースが役に立つのです。参考までに、次のプログラムを入力・実行してみてください。

• Sample707のクラス

クラス	親クラス	プログラム
IComponent	—	icomponent.h
Component1	IComponent	component1.h、component1.cpp
Component2	IComponent	component2.h、component2.cpp

まずは、インターフェースの IComponent クラスです。

Sample707/icomponent.h
```
01 #ifndef _ICOMPONENT_H_
02 #define _ICOMPONENT_H_
03
04 class IComponent {
05 public:
06     //  コンポーネントの機能
07     virtual void func() = 0;
08 };
09
10 #endif //  _ICOMPONENT_H_
```

次は、Component1 クラスのプログラムを入力していきましょう。

Sample707/component1.h
```
01 #ifndef _COMPONENT1_H_
02 #define _COMPONENT1_H_
03
04 #include "icomponent.h"
05
06 class Component1 : public IComponent {
07 public:
08     //  コンポーネントの処理
09     void func();
10 };
11
12 #endif //  _COMPONENT1_H_
```

Sample707/component1.cpp
```
01 #include "component1.h"
02 #include <iostream>
03
```

```
04 using namespace std;
05
06 // コンポーネントの処理
07 void Component1::func() {
08     cout << "component ver1.0" << endl;
09 }
```

続いて、Component2 クラスです。

Sample707/component2.h
```
01 #ifndef _COMPONENT2_H_
02 #define _COMPONENT2_H_
03
04 #include "icomponent.h"
05
06 class Component2 : public IComponent {
07 public:
08     // コンポーネントの処理
09     void func();
10 };
11
12 #endif // _COMPONENT2_H_
```

Sample707/component2.cpp
```
01 #include "component2.h"
02 #include <iostream>
03
04 using namespace std;
05
06 // コンポーネントの処理
07 void Component2::func() {
08     cout << "component ver2.0" << endl;
09 }
```

最後に、main.cpp のプログラムを入力しましょう。

Sample707/main.cpp
```
01 #include <iostream>
02 #include "component1.h"
03 #include "component2.h"
04
```

```
05  using namespace std;
06
07  IComponent* getComponent(int);
08
09  int main(int argc, char** argv) {
10      //  コンポーネントver1の処理
11      IComponent* pComp = NULL;
12      cout << "--- component1.0の処理 ---" << endl;
13      pComp = getComponent(1);
14      pComp->func();
15      delete pComp;
16      pComp = NULL;
17      cout << "--- component2.0の処理 ---" << endl;
18      //  コンポーネントver2の処理
19      pComp = getComponent(2);
20      pComp->func();
21      delete pComp;
22      return 0;
23  }
24
25  //  バージョンにより異なるコンポーネントを生成
26  IComponent* getComponent(int version) {
27      if (version == 1) {
28          return (IComponent*)(new Component1());
29      }
30      return (IComponent*)(new Component2());
31  }
```

ここまで入力できたら、実行してみてください。

● 実行結果

```
--- component1.0の処理 ---
component ver1.0
--- component2.0の処理 ---
component ver2.0
```

◉ 同一インターフェースを持つ異なるコンポーネント

main.cpp の 14 行目と 20 行目では、IComponent クラスのインスタンスであるポインタ変数 pComp の func 関数を呼び出しています。

- コンポーネントの処理

```
pComp->func();
```

同じ処理をしているのにもかかわらず、1 回目は「component ver1.0」と表示され、2 回目は「component ver2.0」と表示されています。

なぜこのような違いが生じるかというと、getComponent 関数で得られたインスタンスの種類が異なるからです。

◉ コンポーネントの生成

getComponent 関数では、引数が 1 ならば Component1 クラスのインスタンスを生成し、それを IComponent にキャストして戻り値としています。そのため、この状態で func 関数を呼び出すと、Component1 クラスの func 関数が実行されます。

- func関数を呼び出す（getComponent(1)でインスタンスを取得した場合）

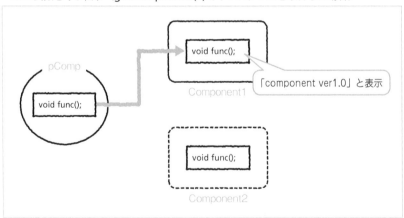

一方、getComponent 関数の引数が 2 の場合、Component2 クラスのインスタンスを生成し、それを IComponent にキャストして戻り値としています。そのため、この状態で func 関数を呼び出すと、Component2 クラスの func 関数が実行されます。

・ func関数を呼び出す（getComponent(2)でインスタンスを取得した場合）

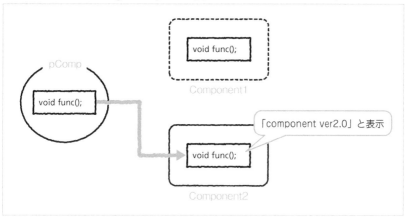

Component1 と Component2 クラスは、ともにインターフェースの IComponent を継承して、共通の func 関数を実装していますが、実行結果が異なります。

しかし、main 関数の中ではそのような違いを意識することなく、IComponent クラスの操作として利用することができます。

重要　インターフェースを有効に使えば、共通のインターフェースを持つ異なるクラスを意識することなく利用することができます。

◉ コンポーネントのバージョンアップの処理

前述のコンポーネントのバージョンアップでも、これとほぼ同じようなことをしています。コンポーネントはバージョンが異なっても共通のインターフェースを持っており、アップデートをしたとしても利用する側はそのことを意識せずに、共通の操作ができるのです。

そのため、コンポーネントの一部に異常があったり、バージョンアップなどを行う必要がある場合でも、インターフェースが共通なので、ほかのコンポーネントに影響を与えず、その部分だけをアップデートすることが可能です。

● コンポーネントのアップデート

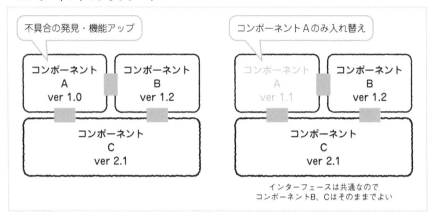

このように、**コンポーネントを利用すると、柔軟なアーキテクチャが実現できます**。インターフェースを付けるのは一見無駄なように見ますが、実はこういった実用的な利点があるのです。

重要

インターフェースを活用することにより、ソフトウェアはアップデートが容易で柔軟なアーキテクチャを実現することができます。

1-5 演算子のオーバーロード

- 演算子のオーバーロードの方法を学ぶ
- 演算子を活用してクラス内でさまざまな処理を行う方法を学ぶ

演算子のオーバーロード

　ここまでの知識があれば、C++ プログラマーとしては、かなりのことができるでしょう。ただ、よりエレガントなプログラムを作成するという意味では、ここで紹介する演算子のオーバーロードを使うことはとても有益です。

　通常、+ 演算子、= 演算子は、数値や文字列など特定のデータ型やクラスにしか利用できません。C++ では、これらの演算子の機能を拡張して、さまざまなクラスに演算処理を実装したり、もともとある機能を変更できたりするのです。

　では、実際にサンプルをとおして、演算子のオーバーロードとはどのようなものなのかを実際に見てみることにしましょう。次の Sample708 では、vector2d.h、vector2d.cpp、main.cpp の 3 つのファイルで構成されています。まずは、vector2d.h です。

Sample708/vector2d.h
```
01 #ifndef _VECTOR2D_H_
02 #define _VECTOR2D_H_
03
04 #include <iostream>
05 #include <string>
06
07 using namespace std;
08
09 class Vector2D {
10 public:
11     double x;
12     double y;
13 public:
14     // =演算子のオーバーロード
15     Vector2D& operator=(const Vector2D& v);
16     // +=演算子のオーバーロード
```

289

```
17     Vector2D& operator+=(const Vector2D& v);
18     //  -=演算子のオーバーロード
19     Vector2D& operator-=(const Vector2D& v);
20   };
21
22   //  +演算子のオーバーロード
23   Vector2D operator+(const Vector2D&, const Vector2D&);
24   //  -演算子のオーバーロード
25   Vector2D operator+(const Vector2D&, const Vector2D&);
26   //  *演算子のオーバーロード
27   Vector2D operator*(const double, const Vector2D& v);
28
29   #endif //  _VECTOR2D_H_
```

続いて、vector2d.cpp です。

Sample708/vector2d.cpp
```
01   #include "vector2d.h"
02
03   //  =演算子のオーバーロード
04   Vector2D& Vector2D::operator=(const Vector2D& v) {
05       x = v.x;
06       y = v.y;
07       return *this;
08   }
09
10   //  +=演算子のオーバーロード
11   Vector2D& Vector2D::operator+=(const Vector2D& v) {
12       x += v.x;
13       y += v.y;
14       return *this;
15   }
16
17   //  -=演算子のオーバーロード
18   Vector2D& Vector2D::operator-=(const Vector2D& v) {
19       x -= v.x;
20       y -= v.y;
21       return *this;
22   }
23
24   //  +演算子のオーバーロード
25   Vector2D operator-(const Vector2D& v1, const Vector2D& v2) {
26       Vector2D v;
27       v.x = v1.x + v2.x;
```

```
28     v.y = v1.y + v2.y;
29     return v;
30 }
31
32 //   -演算子のオーバーロード
33 Vector2D operator-(const Vector2D& v1, const Vector2D& v2) {
34     Vector2D v;
35     v.x = v1.x - v2.x;
36     v.y = v1.y - v2.y;
37     return v;
38 }
39
40 //   スカラー倍
41 Vector2D operator*(const double d, const Vector2D& v) {
42     Vector2D r;
43     r.x = d * v.x;
44     r.y = d * v.y;
45     return r;
46 }
```

最後に、main.cpp です。

Sample708/main.cpp

```
01 #include <iostream>
02 #include "vector2d.h"
03
04 using namespace std;
05
06 void vec(string, const Vector2D&);
07
08 int main(int argc, char** argv) {
09     Vector2D v1, v2, v3;
10     //   ベクトルに値を代入
11     v1.x = 1.0;
12     v1.y = 2.0;
13     v2 = v1;                // 値を代入
14     v3 = 4.0 * v1;          // ベクトルのスカラー倍
15     vec("v1=", v1);
16     vec("v2=", v2);
17     vec("v1 + v2=", v1 + v2);
18     vec("v3=", v3);
19     v3 += v1;               // 代入演算子(+=)
20     vec("v3=", v3);
21     v1 -= v2;               // 代入演算子(-=)
```

```
22    vec("v1=", v1);
23    return 0;
24 }
25
26 void vec(string vecname, const Vector2D& v) {
27    cout << vecname << "(" << v.x << "," << v.y << ")" << endl;
28 }
```

実行すると、次のような結果が得られます。

● 実行結果
```
v1=(1,2)
v2=(1,2)
v1 + v2=(2,4)
v3=(4,8)
v3=(5,10)
v1=(0,0)
```

　このサンプルは、2次元ベクトルを扱うための Vector2D クラスを定義しています。C++ には、2次元ベクトルを扱うクラスは存在しませんが、main.cpp では2次元ベクトルの演算ができるクラスが、もともとあるような使い方が可能になっています。

◉ プログラムの基本的な流れ
　以上を踏まえ、main.cpp の基本的な流れを説明していきます。
　このサンプルでは、2次元のベクトルを表すクラス Vector2D のインスタンスを代入した変数 v1、v2、v3 を定義し、さまざまな演算処理を行っています。11、12 行目で、変数 v1 の2次元ベクトルは (1,2) としています。

● 変数v1に、2次元ベクトルの値を渡す
```
v1.x = 1.0;
v1.y = 2.0;
```

　次に 13 行目で、変数 v2 に変数 v1 を代入するので、同じ (1,2) になります。

● 変数v2に変数v1を代入
```
v2 = v1;
```

さらに 14 行目で、変数 v3 に変数 v1 の 4 倍の値を代入するので、(4,8) となります。

● 変数v3への代入
```
v3 = 4.0 * v1;
```

　各変数が持つ 2 次元ベクトルの値は、vec 関数で表示できます。また、さまざまなベクトルの演算を行い、その結果を vec 関数で表示しています。

◉ 代入演算子のオーバーロード

演算子のオーバーロードをするには、以下のように宣言を行います。

● 演算子のオーバーロードの宣言
```
戻り値の型 operator演算子(引数...)
```

　まず、クラス内に定義されている、代入演算子の =、+=、-= を見てみましょう。これらはいずれも、クラス内にメンバ関数として定義されています。
　引数として与えられたほかの Vector2D クラスのインスタンスへの参照が渡され、このインスタンスから、値を取得し、代入、および何らかの計算をして、メンバ変数である、x、y の値を変更しています。

● =演算子のオーバーロード
```
//   =演算子のオーバーロード
Vector2D& Vector2D::operator=(const Vector2D& v) {
    x = v.x;
    y = v.y;
    return *this;
}
```

● =演算子の処理

```
v2 = v1;
                              ① v1 への参照が渡る

Vector2D& Vector2D::operator=(const Vector2D& v) {
    x = v.x;
    y = v.y;                  ② v2 の x と y に、
    return *this;                v1 の x と y を代入
}
```

v2 の中の operator= の処理

　そして、**最後に、戻り値を Vector2D& とし、*this を返すことで、自分自身のイ
ンスタンスへの参照を戻り値として返しています。**これは特に決められたことではあ
りませんが、なるべく基本データ型の演算に近づけるためには、大変有効な方法です。
　なぜなら、次のように複数回の代入を同時に行うような処理の場合、1 回目の代入
「v2 = v3」の結果、v3 の値が v2 に代入され、さらにそのまま「v1 = v2」で 2 回目
の代入を行うことができるようになります。仮に戻り値の型を void にすると、「v2 =
v3」、「v1 = v2」と分けなくてはなりませんが、このほうが処理は効率的になります。

● 複数回の代入演算子の仕様

```
v1 = v2 = v3
```

◉ 算術演算子のオーバーロード

　続いて、＋演算子、－演算子、＊演算子のケースを見てみましょう。代入演算子と
異なり算術演算子は、クラス内には記述されていません。
　算術演算子の場合、Vector2D 型と Vector2D 型、double 型と Veoctor2D 型の演算で、
**新たな Vector2 クラスのインスタンスを戻り値にしたいので、すでにあるインスタ
ンスの値を変化させる代入演算子とは性質が違うためです。**
　「v1 + v2」の例で説明すると、引数 v1 と引数 v2 受け取る operator+ 関数の戻り値
が、引数 v1 と引数 v2 のメンバ変数 x、y をそれぞれ合計した新しい Vector2D クラ
スのインスタンス v だと考えることができます。

- **+演算子のオーバーロード**

```
//  +演算子のオーバーロード
Vector2D operator+(const Vector2D& v1, const Vector2D& v2) {
    Vector2D v;
    v.x = v1.x + v2.x;
    v.y = v1.y + v2.y;
    return v;
}
```

- **+演算子の処理**

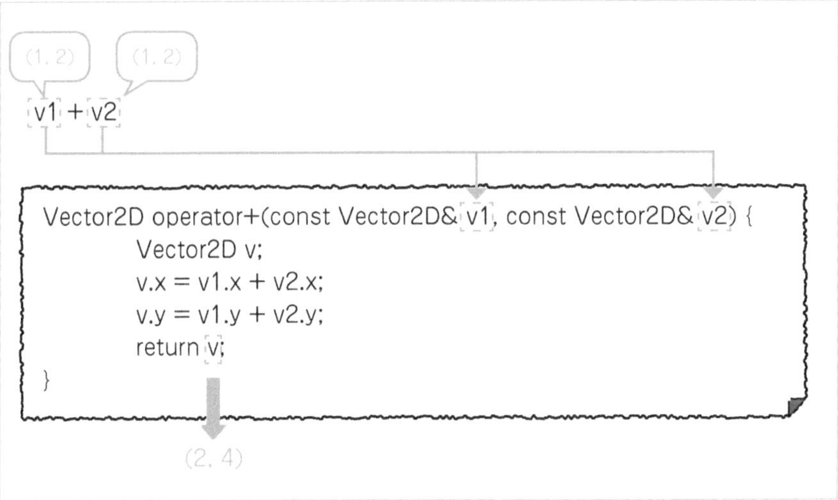

「v1 + v2」という処理は、代入演算子の処理と違い、**変数 v1 および v2 自体には変化を及ぼしません**。そのうえ、計算結果として**新しい Vector2D クラスのインスタンスの生成を必要とします**。

　そのため、算術演算子の処理は Vector2D クラス内のメンバ関数として記述されることはないのです。

　スカラー倍を行う operator* についても同様です。引数が double と Vector2D の組み合わせであるだけで、計算結果の Vector2D クラスのインスタンスを返す必要があるという点は同じだからです。

　そのため、これらの関数は通常の関数として宣言・定義しています。

　ただし、ファイルを分けるとわかりにくくなるのと、Vector2D クラスの関連機能であることから、vector2.dh に関数の宣言を、vector2d.cpp には関数の定義を記述しています。

このように、演算子のオーバーロードには、クラス内に定義する方法と、クラス外に定義する方法が存在します。

重要　演算子のオーバーロードをする際に、メンバ変数で記述するかどうかは、自分自身のメンバ変数の値に変化を与えるかどうかによって決めます。

● C++ にはまだまだ機能がある

以上で、C++ のプログラミングの説明は終わりますが、C++ にはほかにもさまざまな機能があります。ですが、ここまで学習してきたことをしっかりと理解していれば、C++ でかなり本格的なプログラミングをすることが可能です。

C++ をマスターするまでの道のりは険しいものですが、諦めず頑張ってください。

2 練習問題

> ▶ 正解は 315 ページ

問題 7-1 ★★★

　Sample708 で使用した Vector2D クラスを流用し、以下のような修正を加えたプログラムを作りなさい。

（1）Vector2D クラスに、ベクトルの長さを求める length 関数を追加する

　3 日目の例題 3-1 ですでに学習しているので、その処理を流用すること。

（2）Vector2D クラスに、== 演算子と != 演算子をオーバーライドしたメンバ関数を追加する

　オーバーライドするメンバ関数の宣言は以下のとおりである。宣言を Vector2D.h に追加し、Vector2D.cpp でこれらを定義すること。

```
bool operator ==(const Vector2D& v) const;
bool operator !=(const Vector2D& v) const;
```

（3）2 つの Vector2D 型インスタンスが等しい条件は、2 つのベクトルの差の長さが 0.1 未満である場合とする

　「==」の処理では、length 関数を用いて 2 つの Vector2D 型インスタンスの差の長さが 0.1 以下の場合は true、そうでなければ false を返す。「!=」の処理ではその真逆の処理を行う。

（4）main 関数では、2 つのベクトルの成分を入力させ等しいかどうかを判定させる

　2 つの Vector2D 型インスタンス（v1、v2）の x、y にそれぞれキーボードから値を入力したあとに、各 Vector2D 型インスタンスの値を表示し、等しいか等しくないかを判定する。

　なお、想定される実行結果は以下のとおり。

● **想定される実行結果（2つのベクトルが等しい場合）**

```
v1.x=1.0        ◄──── 「v1.x=」と表示されたら値（1.0）を入力し Enter キーを押す
v1.y=1.0        ◄──── 「v1.y=」と表示されたら値（1.0）を入力し Enter キーを押す
v2.x=1.0        ◄──── 「v2.x=」と表示されたら値（1.0）を入力し Enter キーを押す
v2.y=1.0        ◄──── 「v2.y=」と表示されたら値（1.0）を入力し Enter キーを押す
v1=(1,1)
V2=(1,1)
v1とv2は等しい。
```

● **想定される実行結果（2つのベクトルが等しい場合）**

```
v1.x=0.0        ◄──── 「v1.x=」と表示されたら値（0.0）を入力し Enter キーを押す
v1.y=0.0        ◄──── 「v1.y=」と表示されたら値（0.0）を入力し Enter キーを押す
v2.x=1.0        ◄──── 「v2.x=」と表示されたら値（1.0）を入力し Enter キーを押す
v2.y=1.0        ◄──── 「v2.y=」と表示されたら値（1.0）を入力し Enter キーを押す
v1=(0,0)
V2=(1,1)
v1とv2は等しくない。
```

　また、判定には（2）で定義した == もしくは != のどちらを使用してもよい。

練習問題の解答

1日目　C言語の基本

1日目の問題の解答です。

1-1 問題 1-1

● 【解説】

printf関数の( )の中に、表示する文字列を記述します。文字列は "（ダブルクオーテーション）で囲みます。最後に改行を表すエスケープシーケンス「¥n」で終わらせます。

Prob101/main.c
```
01 #include <stdio.h>
02
03 int main(int argc, char** argv) {
04     printf("亀田健司¥n");
05     return 0;
06 }
```

1-2 問題 1-2

● 【解説】

for 文を使って「HelloC++」と表示する処理を3回繰り返します。

Prob102/main.c
```
01 #include <stdio.h>
02
03 int main(int argc, char** argv) {
04     int i;
05     for (i = 0; i < 3; i++) {
06         printf("HelloC++¥n");
07     }
08     return 0;
09 }
```

2日目　C++の基本

2日目の問題の解答です。

2-1 問題 2-1

【解説】

9行目でcinを使って、整数値をキーボードから入力し、変数nに代入します。10行目のif文で、変数nが0より大きいかどうかを判断し、「n > 0」であれば「0より大きい」と表示されます。それ以外の場合は、0以下ということになるので、elseの処理で「0以下」と表示します。

Prob201/main.cpp

```cpp
01 #include <iostream>
02
03 using namespace std;
04
05 int main(int argc, char** argv) {
06     // 整数の入力
07     int n;
08     cout << "整数を入力:";
09     cin >> n;
10     if (n > 0) {
11         // 0より大きい場合
12         cout << "0より大きい" << endl;
13     }
14     else {
15         // それ以外(0以下の場合)
16         cout << "0以下" << endl;
17     }
18     return 0;
19 }
```

②-2 問題 2-2

- 【解説】

cin を使って、8 行目で表示する文字列、13 行目で表示回数をキーボードから入力します。文字列の場合は string 型の変数 s に、回数の場合は int 型の変数 n に代入されます。最後に 15 ～ 17 行目の for 文で、変数 s を変数 n に代入した数値分表示します。

Prob202/main.cpp

```cpp
01 #include <iostream>
02
03 using namespace std;
04
05 int main(int argc, char** argv) {
06     //  文字列の入力
07     string s;
08     cout << "文字列を入力:";
09     cin >> s;
10     //  数値の入力
11     int n;
12     cout << "表示回数:";
13     cin >> n;
14     //  指定した回数だけ文字列を表示
15     for (int i = 0; i < n; i++) {
16         cout << s << endl;
17     }
18     return 0;
19 }
```

3日目
クラスとオブジェクト

● 3日目の問題の解答です。

3-1 問題3-1

● 【解説】

Product クラスのメンバ変数 name、price、tax_rate の先頭に、接頭辞「m_」を付け、かつ private にして外部から隠蔽します。すると、これらのメンバ変数にはクラス外から直接アクセスすることができないので、各メンバ変数のゲッターとセッターになるメンバ関数を定義します。

各メンバ変数とセッター・ゲッターの名前の対応は以下のようになります。

メンバ変数名	セッター名	ゲッター名
m_name	setName	getName
m_price	setPrice	getPrice
m_tax_rate	setTaxRate	getTaxRate

セッター・ゲッターともに、メンバ変数の名前が推測できる名前にします。product.h、product.cpp では、メンバ変数の名前を接頭辞として付けたものに変えると同時に、セッター・ゲッターを追加します。最後に main.cpp では、直接 Product クラスのメンバ変数へアクセスしたものを、セッターを使ったものに変えています。

今回、ゲッターは追加したものの使いませんでしたが、外部からアクセスすることを禁止されているメンバ変数以外はゲッターも追加して、値を取得できるようにしておきましょう。

Prob301/product.h
```
01 #ifndef _PRODUCT_H_
02 #define _PRODUCT_H_
03
```

```cpp
04  #include <iostream>
05
06  using namespace std;
07
08  //  商品クラス
09  class Product {
10  private:
11      //  商品名
12      string m_name;
13      //  価格
14      int m_price;
15      //  税率
16      double m_tax_rate;
17  public:
18      //  商品名のセッター
19      void setName(string name);
20      //  価格のセッター
21      void setPrice(int price);
22      //  税率のセッター
23      void setTaxRate(double tax_rate);
24      //  商品名のゲッター
25      string getName();
26      //  価格のゲッター
27      int getPrice();
28      //  税率のゲッター
29      double getTaxRate();
30      //  情報の表示
31      void showInformatin();
32  };
33
34  #endif //  _PRODUCT_H_
```

Prob301/product.cpp

```cpp
01  #include "product.h"
02
03  //  商品名のセッター
04  void Product::setName(string name) {
05      m_name = name;
06  }
07
08  //  価格のセッター
09  void Product::setPrice(int price) {
10      m_price = price;
```

```
11  }
12
13  //  税率のセッター
14  void Product::setTaxRate(double tax_rate) {
15      m_tax_rate = tax_rate;
16  }
17
18  //  商品名のゲッター
19  string Product::getName() {
20      return m_name;
21  }
22
23  //  価格のゲッター
24  int Product::getPrice() {
25      return m_price;
26  }
27
28  //  税率のゲッター
29  double Product::getTaxRate() {
30      return m_tax_rate;
31  }
32
33  void Product::showInformatin() {
34      //  税込価格を計算
35      int price_tax = m_price + (int)(m_price * m_tax_rate);
36      //  商品情報の表示
37      cout << "商品名:" << m_name
38          << " 価格:" << m_price << "円"
39          << " 税込価格:" << price_tax << "円"
40          << endl;
41  }
```

Prob301/main.cpp

```
01  #include "product.h"
02
03  int main(int argc, char** argv) {
04      Product p[3];
05      //  ティッシュペーパーの情報の設定
06      p[0].setName("ティッシュペーパー");
07      p[0].setPrice(100);
08      p[0].setTaxRate(0.1);
09      //  文房具の情報の設定
10      p[1].setName("文房具");
```

```
11    p[1].setPrice(500);
12    p[1].setTaxRate(0.1);
13    //  新聞の情報の設定
14    p[2].setName("新聞");
15    p[2].setPrice(100);
16    p[2].setTaxRate(0.08);
17    //  商品情報の表示
18    for (int i = 0; i < 3; i++) {
19        p[i].showInformatin();
20    }
21    return 0;
22 }
```

4日目 コンストラクタと デストラクタ／静的メンバ

◉ 4日目の問題の解答です。

4-1 問題 4-1

- 【解説】

異常終了した原因は、「delete[] p;」にあります。これが実行されると、変数 p の メモリが解放されているので、2つ目の for ループで値を表示しようとしても値にア クセスできません。そのため、delete 処理をプログラムの最後に移動する必要があり ます。

Prob401/main.cpp
```
01  #include <iostream>
02
03  using namespace std;
04
05  int main(int argc, char** argv) {
06      double* p = 0;
07      p = new double[5];   //  double型5個分の領域を動的確保
08      for (int i = 0; i < 5; i++)
09      {
10          p[i] = i / 10.0;
11      }
12      for (int i = 0; i < 5; i++)
13      {
14          cout << p[i] << " ";
15      }
16      cout << endl;    //  改行処理
17      delete[] p;
18      return 0;
19  }
```

5日目
継承とポリモーフィズム

5日目の問題の解答です。

5-1 問題5-1

【解説】

　Sparrowクラスは、ChickenクラスやCrowクラス同様、Birdクラスを継承しています。そのあと、指定にあるように、メンバ関数のsingとflyを実装します。

　main.cppでは、sparrow.hを読み込む処理を追加したあと、Sparrowクラスのインスタンスの生成（15行目）、singおよびfly関数の呼び出しの追加（18、21行目）、インスタンスの破棄（24行目）を追加すれば完成です。

　インスタンスを代入した変数b3はBird型なので、fly関数はBirdクラスの処理が実行されますが、sing関数は純粋仮想関数であるため、Sparrowクラスの処理が実行されます。

Prob501/bird.h

```
01 #ifndef _BIRD_H_
02 #define _BIRD_H_
03
04 #include <iostream>
05 #include <string>
06
07 using namespace std;
08
09 class Bird {
10 public:
11     // 「鳴く」関数（純粋仮想関数）
12     virtual void sing() = 0;
13     // 「飛ぶ」関数
14     void fly();
15 };
```

```
16
17  #endif  //  _BIRD_H_
```

Prob501/bird.cpp

```
01  #include "bird.h"
02
03  void Bird::fly() {
04      cout << "鳥が飛びます" << endl;
05  }
```

Prob501/crow.h

```
01  #ifndef _CROW_H_
02  #define _CROW_H_
03
04  #include "bird.h"
05
06  //  カラスクラス
07  class Crow : public Bird {
08  public:
09      //  「鳴く」関数（仮想関数）
10      void sing();
11      //  「飛ぶ」関数
12      void fly();
13  };
14
15  #endif  //  _CROW_H_
```

Prob501/crow.cpp

```
01  #include "crow.h"
02
03  //  「鳴く」関数（仮想関数）
04  void Crow::sing() {
05      cout << "カーカー" << endl;
06  }
07
08  //  「飛ぶ」関数
09  void Crow::fly() {
10      cout << "カラスが飛びます" << endl;
11  }
```

Prob501/chicken.h

```
01  #ifndef _CHICKEN_H_
02  #define _CHICKEN_H_
03
04  #include "bird.h"
05
06  //  ニワトリクラス
07  class Chicken : public Bird {
08  public:
09      //  「鳴く」関数(仮想関数)
10      void sing();
11      //  「飛ぶ」関数
12      void fly();
13  };
14
15  #endif //  _CHICKEN_H_
```

Prob501/chicken.cpp

```
01  #include "chicken.h"
02
03  void Chicken::sing() {
04      cout << "コケコッコー" << endl;
05  }
06
07  void Chicken::fly() {
08      cout << "ニワトリは飛べません" << endl;
09  }
```

Prob501/sparrow.h

```
01  #ifndef _SPARROW_H_
02  #define _SPARROW_H_
03
04  #include "bird.h"
05
06  //  カラスクラス
07  class Sparrow : public Bird {
08  public:
09      //  「鳴く」関数(仮想関数)
10      void sing();
11      //  「飛ぶ」関数
12      void fly();
13  };
14
15  #endif //  _SPARROW_H_
```

Prob501/sparrow.cpp

```
01  #include "sparrow.h"
02
03  // 「鳴く」関数（仮想関数）
04  void Sparrow::sing() {
05      cout << "チュンチュン" << endl;
06  }
07
08  // 「飛ぶ」関数
09  void Sparrow::fly() {
10      cout << "スズメが飛びます" << endl;
11  }
```

Prob501/main.cpp

```
01  #include <iostream>
02  #include <iostream>
03  #include <string>
04  #include "bird.h"
05  #include "chicken.h"
06  #include "crow.h"
07  #include "sparrow.h"
08
09  using namespace std;
10
11  int main(int argc,char** arg) {
12      Bird* b1, * b2, * b3;
13      b1 = new Crow();
14      b2 = new Chicken();
15      b3 = new Sparrow();
16      b1->fly();
17      b2->fly();
18      b3->fly();
19      b1->sing();
20      b2->sing();
21      b3->sing();
22      delete b1;
23      delete b2;
24      delete b3;
25      return 0;
26  }
```

6日目
テンプレートとSTL

▶ 6日目の問題の解答です。

6-1 問題 6-1

● 【解説】

　最大値、最小値には、それぞれ変数 max_num、min_num を用意し、vector の最初の値を暫定の最大値・最小値とします。

　そのあと、28 ～ 40 行目の繰り返しで、変数 max_num よりも上回る値が出てくれば、その値を変数 max_num に代入します。これを繰り返していくと、最終的には変数 max_num に変数 v に代入した数値のうち最大値が残ります。変数 min_num についても同様の処理が行われています。

Prob601/main.cpp

```
01  #include <iostream>
02  #include <vector>
03
04  using namespace std;
05
06  int main(int argc, char** argv) {
07      vector<int> v;
08      while (true) {
09          int num;
10          cout << "数値を入力:";
11          cin >> num;
12          if (num > 0) {
13              //  正の数の場合入力した数値をベクターに追加
14              v.push_back(num);
15          }
16          else {
17              //  正の数でなければループから抜ける
18              break;
```

```
19          }
20      }
21      //   合計値の初期化
22      int sum = 0;
23      //   仮の最大値・最小値をvectorの最初の値に設定
24      int max_num = v[0];
25      int min_num = v[0];
26      //   すべての値を表示しながら合計を表示
27      vector<int>::iterator itr;
28      for (itr = v.begin(); itr != v.end(); itr++) {
29          int num = *itr;
30          cout << num << " ";
31          sum += num;
32          //   取得した値が暫定の最大値よりも大きければ暫定最大値を更新
33          if (num > max_num) {
34              max_num = num;
35          }
36          //   取得した値が暫定の最小値よりも小さければ暫定最小値を更新
37          if (num < min_num) {
38              min_num = num;
39          }
40      }
41      cout << endl;
42      cout << "合計:" << sum << endl;
43      cout << "最大値:" << max_num << endl;
44      cout << "最小値:" << min_num << endl;
45      return 0;
46 }
```

6-2 問題6-2

• 【解説】

考え方はほぼ例題6-2と同じです。mapクラスのインスタンスである変数nameに、9〜11行目で英語をキー、日本語を値としてデータを代入し、15行目でキーボードから入力した英単語をキーとして日本語の値を取得します。

変換できていれば、変数jp_nameに値が代入されますが、変換されていない場合には空文字（情報がない文字列）が代入されるので、16行目で状況に応じて最後に表示するメッセージを切り替えます。

Prob602/main.cpp

```cpp
01  #include <iostream>
02  #include <map>
03
04  using namespace std;
05
06  int main(int argc, char** argv) {
07      //  mapの設定
08      map <string, string> name;
09      name["cat"] = "猫";
10      name["dog"] = "犬";
11      name["bird"] = "鳥";
12      cout << "英単語を入力:";
13      string eng_name, jp_name;
14      cin >> eng_name;
15      jp_name = name[eng_name];
16      if (jp_name != "") {
17          cout << "「" << eng_name << "」は日本語で「"
18              << jp_name << "」です。" << endl;
19      }
20      else {
21          cout << "変換できません。" << endl;
22      }
23      return 0;
24  }
```

7日目
覚えておきたい知識

▶ 7日目の問題の解答です。

7-1 問題 7-1

- 【解説】

メンバ関数の length は、例題 3-1 のものをそのまま追加します。

「operator ==」では、Vector2D 型の変数 diff に、自分自身のメンバ変数 x、y と、引数 v のメンバ変数 x、y の差分を代入します。変数 diff の length 関数を呼び出して、判定を行います。また「operator !=」は、「operator ==」とは逆の結果が得られるようにしてあります。

判定を行う際、容認される誤差 0.1 は定数 EPS として定義します。決まった用途がある数値は、わかりやすい名前を付けた定数として扱うことがよいとされています。

main.cpp の 23 ～ 28 行目では、2 つのベクトルが等しいかの判定を「==」を使って行っていますが、「!=」を使う場合、if と else の処理を逆転させます。

実際にゲームなどでベクトルの比較を行う際にも、比較は誤差などの問題があり各成分が正確に等しいかどうかを比べることは難しいため、ある程度の誤差を容認し、その範囲内であれば等しいものとします。

Prob701/vector2d.h

```
01 #ifndef _VECTOR2D_H_
02 #define _VECTOR2D_H_
03
04 #include <iostream>
05 #include <string>
06
07 using namespace std;
08
09 class Vector2D {
10 public:
```

```
11      double x;
12      double y;
13  public:
14      //  =演算子のオーバーロード
15      Vector2D& operator=(const Vector2D& v);
16      //  +=演算子のオーバーロード
17      Vector2D& operator+=(const Vector2D& v);
18      //  -=演算子のオーバーロード
19      Vector2D& operator-=(const Vector2D& v);
20      //  等しいかどうかの比較
21      bool operator ==(const Vector2D& v) const;
22      //  等しくないかどうかの比較
23      bool operator !=(const Vector2D& v) const;
24      //  ベクトルの長さを求めるメンバ関数
25      double length();
26  private:
27      //  同一ベクトル判定の誤差の範囲
28      static const double EPS;
29  };
30
31  //  +演算子のオーバーロード
32  Vector2D operator+(const Vector2D&, const Vector2D&);
33  //  -演算子のオーバーロード
34  Vector2D operator+(const Vector2D&, const Vector2D&);
35  //  *演算子のオーバーロード
36  Vector2D operator*(const double, const Vector2D& v);
37
38  #endif //  _VECTOR2D_H_
```

Prob701/vector2d.cpp

```
01  #include "vector2d.h"
02
03  double const Vector2D::EPS = 0.1;
04
05  //  =演算子のオーバーロード
06  Vector2D& Vector2D::operator=(const Vector2D& v) {
07      x = v.x;
08      y = v.y;
09      return *this;
10  }
11
12  //  +=演算子のオーバーロード
13  Vector2D& Vector2D::operator+=(const Vector2D& v) {
```

```
14      x += v.x;
15      y += v.y;
16      return *this;
17  }
18
19  // -=演算子のオーバーロード
20  Vector2D& Vector2D::operator-=(const Vector2D& v) {
21      x -= v.x;
22      y -= v.y;
23      return *this;
24  }
25
26  // 等しいかどうかの比較
27  bool Vector2D::operator ==(const Vector2D& v) const {
28      Vector2D diff;
29      diff.x = x - v.x;
30      diff.y = y - v.y;
31      if (diff.length() < EPS) {
32          return true;
33      }
34      return false;
35  }
36
37  // 等しくないかどうかの比較
38  bool Vector2D::operator !=(const Vector2D& v) const {
39      return !(*(this) == v);
40  }
41
42  double Vector2D::length() {
43      double length;
44      length = sqrt(x * x + y * y);
45      return length;
46  }
47
48  // +演算子のオーバーロード
49  Vector2D operator+(const Vector2D& v1, const Vector2D& v2) {
50      Vector2D v;
51      v.x = v1.x + v2.x;
52      v.y = v1.y + v2.y;
53      return v;
54  }
55
56  // -演算子のオーバーロード
57  Vector2D operator-(const Vector2D& v1, const Vector2D& v2) {
```

```
58    Vector2D v;
59    v.x = v1.x - v2.x;
60    v.y = v1.y - v2.y;
61    return v;
62 }
63
64 //   スカラー倍
65 Vector2D operator*(const double d, const Vector2D& v) {
66    Vector2D r;
67    r.x = d * v.x;
68    r.y = d * v.y;
69    return r;
70 }
```

Prob701/main.cpp

```
01 #include <iostream>
02 #include "vector2d.h"
03
04 using namespace std;
05
06 void vec(string, const Vector2D&);
07
08 int main(int argc, char** argv) {
09    Vector2D v1, v2;
10    //   ベクトルに値を入力
11    cout << "v1.x=";
12    cin >> v1.x;
13    cout << "v1.y=";
14    cin >> v1.y;
15    cout << "v2.x=";
16    cin >> v2.x;
17    cout << "v2.y=";
18    cin >> v2.y;
19    //   ベクトルの値の表示
20    vec("v1=", v1);
21    vec("v2=", v2);
22    //   2つのベクトルの比較
23    if (v1 == v2) {
24        cout << "v1とv2は等しい。" << endl;
25    }
26    else {
27        cout << "v1とv2は等しくない。" << endl;
28    }
```

```
29      return 0;
30  }
31
32  void vec(string vecname, const Vector2D& v) {
33      cout << vecname << "(" << v.x << "," << v.y << ")" << endl;
34  }
```

あとがき

　大変失礼な話になりますが、おそらく 2020 年代にあえて C++ という古くさい言語を勉強しようと本書を手に取っているあなたは、学校の授業や仕事などで、C++ を「やむを得ず勉強せざるを得ない」事情を持っているに違いありません。「図星だ」と思ったあなた。はい、実は本書はそんなあなたのために書かれた本です。

　これまで私はこの「一週間でプログラミングの基礎が学べる本」シリーズで C#、Python、C 言語といったプログラミング言語の入門書を書いてきました。基本的にこれらは皆、「これからプログラミングを始める人」に向けて解説しています。C 言語などは、かなり初心者には難しい言語なのですが、それでも同じスタンスで執筆しました。

　ただ、開き直るようで恐縮ですが、C++ という言語は、そもそも素人が手を出すようなプログラミング言語ではありません。

　言語仕様が複雑であり、覚えることが膨大にあるため、学習にやたらと時間がかかるうえに、同じようなことをしようとしても、他の言語に比べてプログラムがやたらと長くなるこの言語を、今どき、わざわざ学習する人はあまりいないでしょう。

　大半の人が、IoT 関連の機器の開発やゲーム（それも、ハードウェアの性能を思い切り引き出す必要がある類のモノ）の開発などを会社から命じられ、「しぶしぶ」勉強を始めなくてはならない、というケースだと思います。

　いざ勉強を始めようと、書店に出向いて C++ 関連の書籍を探してみると、その多くがまるで広辞苑のように分厚い本であり、ただでさえ憂鬱な勉強のやる気がさらに削がれた……という経験をしていることでしょう。

　しかし、C++ の学習書が分厚くなってしまっているのには、キチンとした理由があるのです。

　本文の中でも触れましたが、もともと C++ は C 言語を発展させてきたものであり、C 言語の豊富な資産を引き継げるというメリットがあります。しかし同時に、レガシー（過去の遺産）を引きずって言語仕様が他の言語に比べて異常に複雑になってしまいました。

　それでいてやっかいなのが、C 言語ならびに C++ が、現在主流のどのプログラミング言語よりも、コンピュータのハードウェアの性能を十分に引き出すことができる、ほぼ唯一といっていい言語であることから、この分野を志す人々にとっては避けては通れない道となっているのです。

　私は幸い、C 言語が全盛の時代に、世間で徐々に C++ が広まってきて、次々と新しい機能が追加されて進化していく過程を、リアルタイムで経験しています。そのため、「C++ はなぜこのように複雑になったのか」を時系列で理解しているので、さほど難しいプログラミング言語だとは思っていません。

　ただ同時に、すでに複雑になってしまった C++ をこれから勉強しなくてはならない人たちにとっては「たまったものではない！！」ということも十分に理解し、大いに同情もしています。

　本書は、こういった人がいかに短期間のうちに C++ の「スタートライン」に立てるようにするかということを重点に置き、執筆しました。

　そういったこともあり、本書では C++ の中でも比較的新しいバージョンである「C++11」や「C++17」に関する情報はあえて記載せず、むしろ保守的にやや古めのバージョンの C++ を想定して執筆しています。

　C++ の基本さえしっかりと身につけていれば、新しいバージョンの C++ の仕様とその必然性について、すぐに理解できるようになるからです。

　最新の C++ について学ぶ必要がある方は、本書を読んだあと、その分野について詳しく解説した別の書籍で勉強されることをおすすめします。

　このような言い方は入門書の著者としてはもしかしたら邪道なのかもしれませんが、この本を理解できるようになった人であれば、それらの書籍は既にさほど難しくなくなっていることでしょう。

　なお、本当にハードウェアの性能を引き出すようなプログラミングができるようになるには、C++ だけではなく、その前身である C 言語に対する深い造詣（特にメモリやポインタに関する知識）も必要となります。

　順序が前後するようですが、拙著『1 週間で C 言語の基礎が学べる本』も併せてお読みになることをおすすめします。

　最後になりましたが、このシリーズ 4 冊目の執筆のチャンスをくださったインプレスの玉巻様、ならびに畑中様、そして内容をまとめあげ、編集に尽力いただいたリブロワークスの内形様に、この場を借りて感謝を申し上げます。

2021 年 2 月　亀田 健司

索引

著者プロフィール

亀田健司（かめだ・けんじ）

大学院修了後、家電メーカーの研究所に勤務し、その後に独立。現在はシフトシステム代表取締役として、AIおよびIoT関連を中心としたコンサルティング業務をこなすかたわら、プログラミング研修の講師や教材の作成などを行っている。
同時にプログラミングを誰でも気軽に学べる「一週間で学べるシリーズ」のサイトを運営。初心者が楽しみながらプログラミングを学習できる環境を作るための活動をしている。

■一週間で学べるシリーズ
http://sevendays-study.com/

スタッフリスト

編集	内形 文（株式会社リブロワークス）
	畑中 二四
表紙デザイン	阿部 修（G-Co.inc.）
表紙イラスト	神林 美生
表紙制作	鈴木 薫
本文デザイン・DTP	株式会社リブロワークス デザイン室
編集長	玉巻 秀雄

本書のご感想をぜひお寄せください

https://book.impress.co.jp/books/1120101016

読者登録サービス
CLUB impress

アンケート回答者の中から、抽選で**商品券(1万円分)**や
図書カード(1,000円分)などを毎月プレゼント。
当選は賞品の発送をもって代えさせていただきます。

■ **商品に関する問い合わせ先**

インプレスブックスのお問い合わせフォームより入力してください。

https://book.impress.co.jp/info/

上記フォームがご利用頂けない場合のメールでの問い合わせ先

info@impress.co.jp

● 本書の内容に関するご質問は、お問い合わせフォーム、メールまたは封書にて書名・ISBN・お名前・電話番号と該当するページ
や具体的な質問内容、お使いの動作環境などを明記のうえ、お問い合わせください。
● 電話やFAX等でのご質問には対応しておりません。なお、本書の範囲を超える質問に関しましてはお答えできませんのでご了
承ください。
● インプレスブックス(https://book.impress.co.jp/)では、本書を含めインプレスの出版物に関するサポート情報などを提
供しておりますのでそちらもご覧ください。
● 該当書籍の奥付に記載されている初版発行日から3年が経過した場合、もしくは該当書籍で紹介している製品やサービスにつ
いて提供会社によるサポートが終了した場合は、ご質問にお答えしかねる場合があります。

■ **落丁・乱丁本などの問い合わせ先**

FAX 03-6837-5023
MAIL service@impress.co.jp

● 古書店で購入されたものについてはお取り替えできません。

1週間で C++ の基礎が学べる本

2021年 3月11日 初版発行
2024年 6月 1日 第1版第3刷発行

著 者 亀田 健司

発行人 小川 亨

編集人 高橋 隆志

発行所 株式会社インプレス
〒101-0051 東京都千代田区神田神保町一丁目105番地
ホームページ https://book.impress.co.jp/

印刷所 株式会社ウイル・コーポレーション

ISBN978-4-295-01103-3 C3055

Printed in Japan